# 電 気 数 学

鳥居　粛／藤川英司／伊藤泰郎
共　著

森北出版株式会社

┌─ ◆抵抗および抵抗器の記号について ─────────┐
│ JIS では (a) の表記に統一されたが，まだ論文誌や実際の
│ 作業現場では (b) の表記を使用している場合が多いので，
│ 本書は (b) で表記している．
│
│
│                  (a)              (b)
└──────────────────────────────┘

●本書の補足情報・正誤表を公開する場合があります．当社 Web サイト（下記）で本書を検索し，書籍ページをご確認ください．

https://www.morikita.co.jp/

●本書の内容に関するご質問は下記のメールアドレスまでお願いします．なお，電話でのご質問には応じかねますので，あらかじめご了承ください．

editor@morikita.co.jp

●本書により得られた情報の使用から生じるいかなる損害についても，当社および本書の著者は責任を負わないものとします．

JCOPY 〈(一社)出版者著作権管理機構 委託出版物〉

本書の無断複製は，著作権法上での例外を除き禁じられています．複製される場合は，そのつど事前に上記機構（電話 03-5244-5088，FAX 03-5244-5089，e-mail: info@jcopy.or.jp）の許諾を得てください．

# まえがき

　本書は，電気・電子工学系の基礎となるべき数学の知識を，物理的なイメージを与えつつ，なるべく電気工学的に身近な例を引きながら解説している．具体的には，電気磁気学および電気回路を学ぶ初学者が必要とする数学事項が主な対象であり，初等関数，複素関数とそれらの微積分，さらにベクトルと行列の取り扱い，時間変量および空間変量の取り扱いを経て，ブール代数までを扱っている．

　電気系の諸学科では，電気磁気学および電気回路理論は，カリキュラムの柱として組み込まれているであろうが，本書は，それに先立つ数学系講義のテキストとして用いられることを念頭において書かれている．分量的には，半期（セメスタ）2コマ4単位で学習するのが妥当であると思われる．例題等には，電気磁気学・電気回路理論の基礎演習に近い内容のものが多く含まれるが，早いうちから専門分野の用語等に慣れ親しんでおくことも重要であると考え，敢えて選んだものである．

　大学の入試形態の多様化により，工学系の入学者のすべてが，数学・物理の全範囲を網羅して学習済みであることは，期待できない．このため，本書の前半部分には，高校で学ぶ数学領域も含めて記述している．また，本書は最終章でブール代数を取り上げているが，ディジタル時代への導入としても重要であり電気系基礎数学の標準であると判断したからである．巻末の公式集ともども，学生の座右のリファレンスとして，講義や実験の予習・復習に本書を役立てて頂ければ幸いである．

　おわりに，本書をまとめる作業の端緒となっていただいた，堺孝夫武蔵工業大学名誉教授と，本書の出版に御尽力をいただいた森北出版出版部の諸氏に，著者一同より厚く御礼を申し上げる．

　2003年7月

著者

# 目　　次

## 第1章　よく使われる関数
1・1　比例関係は1次式 …………………………………………… 1
1・2　連立1次方程式 ……………………………………………… 6
1・3　高次関数と近似 ……………………………………………… 8
1・4　指数関数と対数関数 ………………………………………… 13
1・5　三角関数 ……………………………………………………… 17
1・6　ガウス平面と複素関数 ……………………………………… 22
演習問題 ……………………………………………………………… 28

## 第2章　電気電子現象と数式
2・1　観測には誤差が含まれる …………………………………… 30
2・2　観測と検証 …………………………………………………… 31
2・3　微分法とその応用 …………………………………………… 34
2・4　いろいろな積分 ……………………………………………… 43
2・5　物理現象と微分方程式 ……………………………………… 50
2・6　微分方程式の解法 …………………………………………… 53
演習問題 ……………………………………………………………… 62

## 第3章　多変数の扱い方
3・1　ベクトル ……………………………………………………… 64
3・2　ベクトルの演算 ……………………………………………… 65
3・3　マトリクス（行列）とその演算 …………………………… 72
3・4　行列式と逆行列 ……………………………………………… 76
3・5　連立方程式の解法 …………………………………………… 79
3・6　ベクトル積と行列 …………………………………………… 82
演習問題 ……………………………………………………………… 84

## 第4章　時間変化する関数の扱い方
- 4・1　周期的関数の位置付け …………………………………86
- 4・2　フーリエ級数 ……………………………………………89
- 4・3　波形の関数形とフーリエ係数 …………………………94
- 4・4　代表的な波形のフーリエ級数展開 ……………………97
- 4・5　ラプラス変換 ……………………………………………103
- 4・6　電気回路とラプラス変換 ………………………………108
- 4・7　逆ラプラス変換 …………………………………………109
- 演習問題 …………………………………………………………113

## 第5章　空間座標系の扱い方
- 5・1　多変数関数と偏微分 ……………………………………115
- 5・2　直交座標系以外の表し方 ………………………………115
- 5・3　スカラ場とポテンシャル ………………………………119
- 5・4　スカラ場の勾配（grad）とベクトル場 ………………121
- 5・5　ベクトル場の発散（div）………………………………128
- 5・6　ベクトル場の回転（rot）………………………………134
- 演習問題 …………………………………………………………137

## 第6章　ディジタルの世界の演算
- 6・1　2進数の計算はブール代数で …………………………138
- 6・2　2進演算を実現する論理素子 …………………………141
- 6・3　論理回路網を数式で表現し解析する …………………144
- 6・4　スイッチ回路への応用 …………………………………147
- 演習問題 …………………………………………………………151

演習問題解答 ………………………………………………………153
公　式　集 …………………………………………………………160
索　　　引 …………………………………………………………171

# 第1章 よく使われる関数

## 1・1 比例関係は1次式

### (1) 物理現象と式

電気抵抗 $R$ [Ω] の抵抗に電流 $I$ [A] を流すと，抵抗の端子に電圧 $V$ [V] が現れる．通常，電圧 $V$ は電流 $I$ に比例することが実験的に確かめられる．この現象はよく知られたオームの法則である．すなわち

$$V \propto I \tag{1・1}$$

である．この $\propto$ の記号は，$V$ と $I$ が比例することを表す．これを等式にすれば，

$$V = RI \tag{1・2}$$

であり，抵抗 $R$ は数学的には比例係数である．

バネに力 $F$ [N] を加えると，$\Delta x$ [m] だけ伸びる．その伸びは，力 $F$ に比例する．これをフックの法則という．すなわち

$$F = k\Delta x = k(x - x_0) \tag{1・3}$$

となり，やはり比例関係がある．ここで，$k$ は比例定数，$x$ は力が加わった時のバネの長さ，$x_0$ は力 $F$ が 0 のときのバネの長さである．

それでは，二つの変数 $x$ と $y$ とが比例しているかどうかを確かめる方法を考える．

図1・1に示すように，比例関係は $x$-$y$ 平面において直線となる．すなわち，1次関数である．それゆえ $x$ と $y$ との関係を平面上にプロットしてゆけば，直線の関係が得られる．つまり，比例して変化している限り直線の関係が保たれており，図に描くと一目瞭然である．グラフを描くことが，比例関係が保たれているかどうかを判断する上で，たいへん重要である．ここに1次式の便利さがある．

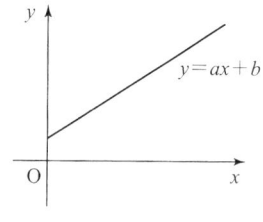

図 1・1　比 例 関 係

一般に1次関数は，
$$y = ax + b \tag{1・4}$$
とあらわす．

式(1・4)において，比例定数 $a$ は直線の傾き，定数項 $b$ を切片とよび，つぎのように直線から計算される．

$$a = \frac{\Delta y}{\Delta x} \tag{1・5}$$

$$b = y|_{x=0} \tag{1・6}$$

ここで，社会現象や物理現象において認識された比例関係はいかなる場合にも成立するだろうか考えてみる．自動車や電車などの移動する物体の移動距離と時間との関係は，速度が一定という条件のもとで比例関係が成立する．しかし，自動車は信号に従って停止し，発車を繰り返すので，速度が一定という条件は崩れ比例関係は成立しない．

オームの法則で知られる電流 $I$，電気抵抗 $R$，電圧 $V$ の比例関係がどのようなとき成立するか考える．物体の電気抵抗は物体の温度が変わると変化する．また，電気抵抗に電流を流すと，熱が出ることも周知の事実である．したがって，抵抗の周囲の温度が一定で，流す電流が極めて微小であれば，抵抗の値は一定で，比例関係が成立すると考えてよい．しかし，周囲の温度が変動したり，大きな電流を流したりすれば，抵抗 $R$ も変数として扱わなければならなくなり，電圧 $V$ と電流 $I$ は比例しなくなると考えるのが妥当である．電気抵抗 $R$ を定数として扱ってよいのは電流による発熱，温度上昇が無視できるほど小さいという条件が認められる場合であることを容認しなければならない．半導体や，絶縁体の場合は温度上昇とともに抵抗が減少し，金属導体は反対に抵抗が増加する．さらに，印加した電圧により抵抗値が変化する抵抗素子，また，もともと比例関係にない抵抗素子もある．電圧を増すと電流が減少

する抵抗も実社会には存在する．このような抵抗を負性抵抗と呼んでいる．

**（2） 近似と誤差—最小2乗法—**

　物理や社会のいろいろな現象を，数式を用いて考察するとき，現象が数学法則に従って発生するのではなく，現象それ自体が種々の要因に支配されて発生するので，それを数式に合わせようとした場合，多少のずれがあることは必然である．前述の，オームの法則の場合でもいろいろ比例関係からずれる要因があった．現実には多少のずれがあることは当然と考えなければならない．つまり，現実の値を比例の式（1次式）で表したとしてもそれは近似としての表現である．

　また，計測器を用いて，現象を実際に計るときにも問題が生じる．測定したデータにはかならずといってよいほど計測誤差が含まれる．この計測誤差は，計測器の種類，測定者の経験などにより左右されるが，適切なデータ処理を施すことにより，誤差の影響を軽減することができる．

　近似とはいえ，1次式で表現することがどれだけ適切か，逆に1次式で表すとどれだけはずれた値になるか，式からどれだけはずれる可能性が高いかを定量的に示す手法に最小2乗法がある．

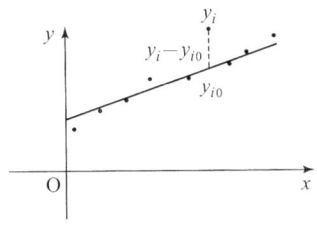

図1・2　データの直線表示

　最小2乗法は，比例関係にあると見られる実験データから，1次式のパラメータを最適に推定する方法である．

　データ列 $(x_1, y_1), (x_2, y_2), \cdots, (x_n, y_n)$ を最も良く代表する関数を $y=f(x)$ とする．この時，一般に $y_i \neq f(x_i)$ であり，この不等号を全体としてなるべく等号に近いものにしたい．$i$ 番目のデータにおける誤差 $\varepsilon_i$ は $\varepsilon_i = y_i - f(x_i)$ で与えられるから，誤差の2乗和 $s$ は，

$$s = \sum_{i=1}^{n} \varepsilon_i^2 = \sum_{i=1}^{n} (y_i - f(x_i))^2 \qquad (1\cdot7)$$

と表すことができる．$f(x)$ がその表式中に未知の係数 $a_0$, $a_1$, $a_2$, $\cdots$, $a_m$ を含むとき，上記の $s$ は変数 $a_0$, $a_1$, $a_2$, $\cdots$, $a_m$ の関数 $s=g(a_0, a_1, a_2, \cdots, a_m)$ と見なせる．$s$ の最小値は，$s$ をこれらの変数で偏微分したものが 0 である時に得られる（偏微分については 2・3 節参照）ので，

$$\frac{\partial s}{\partial a_0}=0, \quad \frac{\partial s}{\partial a_1}=0, \quad \frac{\partial s}{\partial a_2}=0 \cdots, \quad \frac{\partial s}{\partial a_m}=0 \tag{1・8}$$

と置くことにより，$(m+1)$ 元の連立方程式に帰着する．これを解くことにより，未知の係数を定めることができる．

　最小 2 乗法の利点は，データ数によらず（$n$ に依存しない）適用可能なこと，コンピュータ演算に適すること，未定係数による偏微分が可能であればどんな関数でも適用できることなどである．式 (1・8) が連立 1 次方程式になる場合は，この手法は威力を発揮する．しかし，代表させたい関数が非線形の場合（指数関数 exp，対数関数 log など）は式 (1・8) は非線形連立方程式になり，解を得るのが困難である．指数関数や対数関数に適用したい場合は，データ列の片方の対数をとり，代表する直線を求めれば良い．これは片対数グラフ上にプロットして直線を引くのと同じことである．

　ここでは，最も一般的な例として，直線回帰式を求める例について考えてみよう．求める関数を $y=f(x)=ax+b$ とするとき，誤差は $\varepsilon_i=y_i-(ax_i+b)$ で与えられるから，誤差の 2 乗和 $s$ は，

$$s=\sum_{i=1}^{n}\varepsilon_i^2=\sum_{i=1}^{n}(y_i-ax_i-b)^2 \tag{1・9}$$

となり，$s$ の最小値は $\frac{\partial s}{\partial a}=0$ かつ $\frac{\partial s}{\partial b}=0$ の時に与えられる．

$$\begin{aligned}\frac{\partial s}{\partial a} &= \sum_{i=1}^{n}2(-x_i)(y_i-ax_i-b) \\ &= 2\sum_{i=1}^{n}(x_i^2 a+x_i b-x_i y_i) \\ &= 2a\sum_{i=1}^{n}x_i^2+2b\sum_{i=1}^{n}x_i-2\sum_{i=1}^{n}x_i y_i=0 \\ \frac{\partial s}{\partial b} &= \sum_{i=1}^{n}(-2)(y_i-ax_i-b) \\ &= 2a\sum_{i=1}^{n}x_i+2b\sum_{i=1}^{n}1-2\sum_{i=1}^{n}y_i=0 \end{aligned} \tag{1・10}$$

【例題1・1】 下表で与えられる測定値を最も良く代表する1次式を求めよ．

| $x$ | 1.0 | 2.0 | 3.0 | 4.0 |
|---|---|---|---|---|
| $y$ | 1.0 | 3.0 | 4.0 | 7.0 |

【解】 データの組を左から順に $i=1, 2, 3, 4$ とし，求める式を $y=ax+b$ とすれば，式(1・10)をそのまま用いることができる．

$$\frac{\partial s}{\partial a} = 2a\sum_{i=1}^{n}x_i^2 + 2b\sum_{i=1}^{n}x_i - 2\sum_{i=1}^{n}x_i y_i$$

$$= 2a \times (1^2+2^2+3^2+4^2) + 2b \times (1+2+3+4)$$
$$\quad - 2 \times (1\times1 + 2\times3 + 3\times4 + 4\times7)$$
$$= 60a + 20b - 94 = 0$$

$$\frac{\partial s}{\partial b} = 2a\sum_{i=1}^{n}x_i + 2b\sum_{i=1}^{n}1 - 2\sum_{i=1}^{n}y_i$$

$$= 2a \times (1+2+3+4) + 2b \times 4 - 2 \times (1+3+4+7)$$
$$= 20a + 8b - 30 = 0$$

連立して解くことにより，$a=\frac{19}{10}$, $b=-1$ を得る．よって $y=1.9x-1.0$ これで確かに解答は得られるのだが，1次式以外でも対応可能なように，導出過程をそのまま追ったものも掲載する．

$$\varepsilon_i^2 = (y_i - ax_i - b)^2$$
$$\varepsilon_1^2 = (1 - a - b)^2 \quad = 1 - 2a - 2b + a^2 + 2ab + b^2$$
$$\varepsilon_2^2 = (3 - 2a - b)^2 \quad = 9 - 12a - 6b + 4a^2 + 4ab + b^2$$
$$\varepsilon_3^2 = (4 - 3a - b)^2 \quad = 16 - 24a - 8b + 9a^2 + 6ab + b^2$$
$$\underline{\varepsilon_4^2 = (7 - 4a - b)^2 \quad = 49 - 56a - 14b + 16a^2 + 8ab + b^2}$$
$$s = \sum_{i=1}^{4}(y_i - ax_i - b)^2 = 75 - 94a - 30b + 30a^2 + 20ab + 4b^2$$

これは容易に偏微分できて，

$$\frac{\partial s}{\partial a} = 60a + 20b - 94 = 0$$

$$\frac{\partial s}{\partial b} = 20a + 8b - 30 = 0$$

となり，前記の連立方程式と一致する．


（3） 1次式とベクトル

$y=ax+b$ の式を1次式の代表として取り扱ってきたが，

$$ax + by = A \tag{1・11}$$

も $x$ と $y$ の1次関数の和であるから，この式も1次式である．これは

$$y = \frac{A - ax}{b} \tag{1・12}$$

のように，$y$ を解く式とみることができる．しかし式(1・11)は，$x$ 方向に $a$，$y$ 方向に $b$ だけの長さの成分の和がAであると見ることもできる．したがって，平面上でベクトルを表す式でもある．同様に

$$ax + by + cz = B \tag{1・13}$$

は3元1次式である．これは，3次元空間座標系において，$x$ 方向に $a$，$y$ 方向に $b$，そして $z$ 方向に $c$ の長さの成分の和がBである．すなわち式(1・13)は，立体図形上のベクトルを表す式となっている．このように，1次式はベクトルを表す．ベクトルについては，3章において詳しく説明する．

## 1・2 連立1次方程式
### （1） 変化するファクターが複数ある場合
一つの量 $y$ が別の一つの量 $x$ だけで決まる比例現象は，

$$y = ax + b$$

の1次式で表すことができることを前節で示した．しかし，現実には，$y$ の大きさを決める要因は複数ある．要因が二つの場合を考える．例えば，1kWh 当たり $x$ 円の電力を $a$ 時間買い，別の電力会社から単価 $y$ 円の電力を $b$ 時間買って総額 $A$ 円であったとする．この関係は $A = ax + by$ である．また，1kWh 当たり $x$ 円の電力を $c$ 時間，別の電力会社から単価 $y$ 円を $d$ 時間買って総額 $B$ 円であったとする．$a$, $b$, $c$, $d$, $x$, $y$, $A$, $B$ の間には次の関係がある．

$$ax + by = A \tag{1・14}$$
$$cx + dy = B \tag{1・15}$$

この場合，$a$, $b$, $c$, $d$, $A$, $B$ が既知で，$x$, $y$ が未知の変数と見ると，この両式は連立1次方程式である．

この解は，式(1・14)を変形した $y=(A-ax)/b$ を式(1・15)に代入し，$x$ について解くと

$$x = \frac{\dfrac{bB - dA}{b}}{\dfrac{cb - ad}{b}}$$

となる．変形して

$$x = \frac{Ad - Bb}{ad - bc} \tag{1・16}$$

と求められる．また，$y$ についても同様に求めることができる．

$$y = \frac{Ba - Ac}{ad - bc} \tag{1・17}$$

### （2） 多変数の場合

この問題を拡張して，三つの要因の組み合わせで決まる例を考えてみる．ある仕事を仕上げるために，アイデアをまとめる段階に $a$ 人が $x$ 日，製作に $b$ 人が $y$ 日，営業 $c$ 人が $z$ 日必要とし売上が $L$ 円であったとする．式は

$$ax + by + cz = L \tag{1・18}$$

となり，$x$，$y$，$z$ はそれぞれ，アイデア，製作，営業に要した人々の一日当たりの，売上からみた単価になる．他の二つの仕事についても，同様に扱って

$$\begin{aligned} ax + by + cz &= L \quad \text{(a)} \\ dx + ey + fz &= M \quad \text{(b)} \\ gx + hy + jz &= N \quad \text{(c)} \end{aligned} \tag{1・19}$$

の 3 元連立方程式の関係となる．この方程式を解くことにより，アイデアまとめ，製作，営業それぞれ一日当たりの価値を求めることができる．

**【例題 1・2】** 次の連立 1 次方程式を解いて，$x$，$y$，$z$ を求めよ．$a$，$b$，$c$，$d$，$e$，$f$，$g$，$h$，$j$ はゼロでない定数とする．

**【解】** 代入法を用いて解くことにする．

$$\begin{aligned} ax + by + cz &= L \quad &① \\ dx + ey + fz &= M \quad &② \\ gx + hy + jz &= N \quad &③ \end{aligned}$$

① より

$$z = \frac{L - ax - by}{c} \quad ④$$

④ を ② に代入

$$dx + ey + f\frac{L - ax - by}{c} = M$$

整理して

$$x\left(d - a\frac{f}{c}\right) + \left(e - b\frac{f}{c}\right)y = M - f\frac{L}{c} \quad ⑤$$

同様に ③ より

$$x\left(g - j\frac{a}{c}\right) + \left(h - b\frac{j}{c}\right)y = N - j\frac{L}{c} \quad ⑥$$

⑤ より

$$y = \frac{\left(M - f\frac{L}{c}\right) - x\left(d - f\frac{a}{c}\right)}{\left(e - b\frac{f}{c}\right)} \quad ⑦$$

⑦を⑥に代入し，整理して，$x$ を求めると
$$x = \frac{Lej + bfN + cMh - ceN - bMj - Lfh}{aej + bfg + cdh - ceg - bdj - afh}$$
となる．$y$，$z$ も同様に求めることができる．

　$x$，$y$，および $z$ は，クラメールの公式により行列式の比から求めることもできる．クラメールの公式については 3・5 節において解説する．
　さらに，変数を増やし，$n$ 次元連立方程式を示そう．より複雑な要因を多数持つ現象を取り扱うとき，一つ一つの要因による合計が結果として現れる現象の大きさとなる．それらの要因は複雑に影響しあっている場合もある．しかし，それを単純化して各要因に比例した量の集まりとして結果がえられる場合があるであろう．その場合には，各要因がどれだけ大きく影響しているかは，各要因の比例係数の大きさで決まる．

要因を　　　　$x_1$, $x_2$, $\cdots$, $x_n$
各係数を　　　$a_{11}$, $a_{12}$, $\cdots$, $a_{1n}$
　　　　　　　$\cdots$, $\cdots$, $\cdots$, $\cdots$
　　　　　　　$a_{n1}$, $\cdots$, $\cdots$, $a_{nn}$

とすると，
$$\left.\begin{array}{l} a_{11}x_1 + a_{12}x_2 + \cdots + a_{1n}x_n = A_1 \\ a_{21}x_1 + a_{22}x_2 + \cdots + a_{2n}x_n = A_2 \\ \quad\cdots \quad\quad\cdots \quad\quad\cdots \\ \quad\cdots \quad\quad\cdots \quad\quad\cdots \\ a_{n1}x_1 + a_{n2}x_2 + \cdots + a_{nn}x_n = A_n \end{array}\right\} \quad (1・20)$$

で示される $n$ 元連立 1 次方程式が得られる．各要因の大きさを知るには変数 $a_{ij}$ を種々設定できる量（実験的に定められる量）とし，全体の結果 $A_i$ を得て，$x_i$ を未知数として解くことになる．この $n$ 次元連立方程式の解法は，3・4 節において取り扱う．

## 1・3　高次関数と近似
### （1）　2 次関数
　$x$ の関数 $y$ が
$$y = ax^2 + bx + c \quad (1・21)$$
で表される関数は，$x$ に関係のない定数項 $c$，$x$ に比例して変化する項 $bx$，

および $x$ の 2 乗に比例して変化する項 $ax^2$ を含んでいる．これは 2 次関数である．変数の $n$ 乗に比例する項を含んでいる場合，その次数がもっとも大きい次数により，$n$ 次関数，または $n$ 次式という．$x^2$, $y^2$, $xy$ を含む関数は 2 次関数である．

一辺の長さを $x$ とすると，正方形の面積は長さの 2 乗であるから，$x$ の 2 次関数，立方体の体積は長さの 3 乗なので $x$ の 3 次関数である．電気抵抗の中で発生する電力は，電圧と電流の積であるから，2 次式である．

電界の強さが $E$ である一様な電界中に置かれた電子の挙動を考える．電子の質量を $m$，電荷量を $e$ とすると，電子は電界から

$$F = eE \tag{1・22}$$

の力を受けて，電界と反対方向に移動する．時刻 $t=0$ において，電子の速度 $v(0)=0$，位置 $x(0)=0$ として以後の時刻 $t$ における速度と位置は，物体の自由落下の場合と同様に以下のように求められる．

$$v(t) = (eE/m)t \tag{1・23}$$

$$x(t) = \frac{(eE/m)t^2}{2} \tag{1・24}$$

速度は時間の 1 次関数，位置は時間の 2 次関数である．


**（2） 2 次関数の種類**

2 変数 $x$, $y$ の 2 次関数には，放物線，円，楕円，双曲線の 4 種類がある．

**（a） 放 物 線**

式 (1・21) で表される 2 次関数

$$y = ax^2 + bx + c \tag{1・25}$$

を $x$-$y$ 平面に表したものが，図 1・3 であり，グラフは曲線である．$a>0$ の場合，上に開いた曲線で，下に凸であるという．

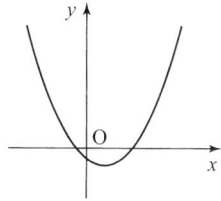

図 1・3 放 物 線

$b=0$，$c=0$ の場合に $x$ と $y$ とを入れ代えた

$$x = ay^2 \tag{1・26}$$

もまた，放物線である．$y$ について解くと

$$y = \pm\sqrt{\frac{x}{a}} \tag{1・27}$$

と表され，$x$ については2価関数（一つの $x$ の値に対して，$y$ は二つの値をとる）である．この放物線は，衛星放送の受信用などに使われているパラボラアンテナに利用されている．放物線の焦点(F)から放射状に発射された電波は，放物線面に衝突して反射し，$x$ 軸と平行に進む．逆に，衛星を介して平行に進行して来た電波は放物線面に反射して焦点に集まる．よって強い良質な電波を受信することができる．焦点から $a$ の角度で発射された電波が，放物線上で反射し，$x$ 軸と平行な電波になる．この関係を図1・4に示した．

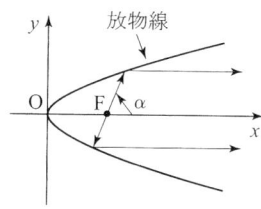

図1・4　放　物　線

**(b) 円**

$$x^2 + y^2 = R^2 \tag{1・28}$$

で表される2次関数の曲線は，図1・5に示すように，中心が原点にあり，半径 $R$ の円である．この円を，中心が $(x_0, y_0)$ になるように移動させると，式は

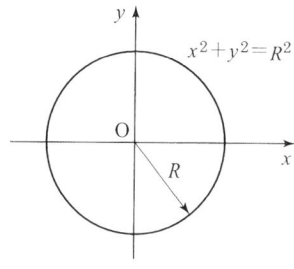

図1・5　円のグラフ

$$(x - x_0)^2 + (y - y_0)^2 = R^2 \tag{1・29}$$

となる．

**（c）楕　　円**

円の方程式の各項に係数がついていて，$x$ と $y$ の項で異なる場合，整理して

$$\left(\frac{x}{a}\right)^2 + \left(\frac{y}{b}\right)^2 = 1 \tag{1・30}$$

と表され，図1・6に示すような楕円である．

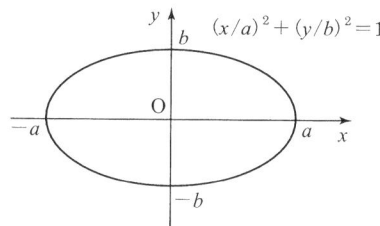

図1・6　楕円のグラフ

**（d）双 曲 線**

円または楕円の方程式において，$x^2$，あるいは $y^2$ の項の符号が負である関数は，まったく異なった曲線となる．すなわち，

$$\left(\frac{x}{a}\right)^2 - \left(\frac{y}{b}\right)^2 = 1 \tag{1・31}$$

の曲線は

$$x = \pm a\sqrt{1 + \left(\frac{y}{b}\right)^2} \tag{1・32}$$

と変形され，図1・7に示すように，$x$ 軸，または $y$ 軸を対称軸とした二つの曲線となる．これを双曲線という．逆に $x^2$ の項の符号が負の場合も双曲線である．

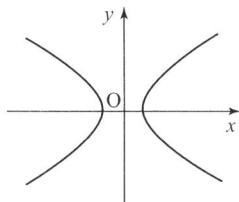

図1・7　双 曲 線　I

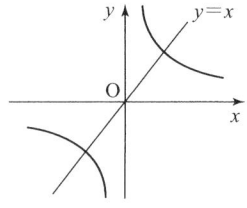

図 1・8　双曲線 II

$$x \times y = k \qquad k:定数 \tag{1・33}$$

の式で表される場合も2次関数である．図1・8に示したように，$k$ が正の場合，直線 $y=x$ に線対称，$k$ が負の場合，直線 $y=-x$ に線対称である．この場合，$y$ は $x$ に反比例する関係でもある．

　空気中におかれた，断面積 $S$ [m²]，間隔 $d$ [m] である平行平板キャパシタ（コンデンサ）の静電容量は，

$$C = \varepsilon_0 \frac{S}{d} \quad [\mathrm{F}] \tag{1・34}$$

の式で求められる．静電容量 $C$ は，$d$ が一定の条件では，$S$ に比例し，$S$ が一定のもとでは，$d$ に反比例する．

### （3）摂動と近似

　変数 $y$ と $x$ とが3次以上の関係があるとき，高次関数という．たとえば，

$$y = ax^n \tag{1・35}$$

において，$n=3$ のとき3次関数である．2次以上の関数は，いずれもグラフは曲線である．しかも，その曲線は一般に $x$ の増加に対して，増加したり減少したりする，複雑な関係を示す．現実には，いろいろな現象を数式化して複雑な式を得たとしても，実験的には何らかの誤差が含まれてしまい，信用性が損なわれる場合すらある．

　このような複雑な関係を表す式であっても，変数の連続したごく狭い範囲の変化（これを摂動という）に対しては直線とみなすことができる．これを，関数（曲線）の直線近似という．むしろ直線近似を行って，現象を解析した方が正確な場合さえある．この節では，直線近似の方法を説明する．

　図1・9に示すように $x$ の関数，$y=f(x)$ の曲線上の点 A $(x_0, y_0)$ の近くにおける $y$ を

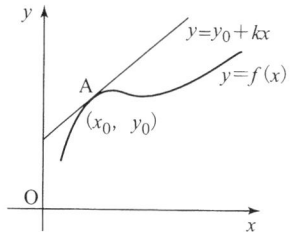

図 1・9 非線形関数の直線近似

$$y \fallingdotseq y_0 + \Delta y$$
$$= y_0 + \left\{\frac{\Delta y}{\Delta x}\bigg|_{x=x_0}\right\}x$$
$$= y_0 + kx \tag{1・36}$$

と近似する．ここで，$k$ は点 A における $y$ の微係数であり，曲線を点 A に接する直線で近似したことになる．

関数の近似を行う場合，直線近似よりも，2 次あるいは，3 次のような高次の近似を行う方が正確である．これには関数のテーラー展開式を使用するが，微分の知識が必要であり，ここでは式を記述するにとどめる．

$$y = f(x)$$
$$= f(a) + (x-a)f'(a) + \frac{(x-a)^2}{2!}f''(a) + \cdots$$
$$+ \frac{(x-a)^n}{n!}f^{(n)}(a) + \cdots \tag{1・37}$$

近似の場合，利用の目的に応じて必要な精度が得られる次数まで近似すればよく，それ以上の次数をとる必要はない．

## 1・4 指数関数と対数関数
### (1) 指　　数

いろいろな物の大きさや，時間を測ることを考えてみることにする．われわれの生活に密接な量は，時間と長さであろう．時間を表す単位には，年，時間，分，そして秒がある．1 年は，31,556,925.974 秒と定められている．約 3 千万秒である．この時間は相当に長い時間である．

一方，短い時間はどの位を考えたらよいだろうか．コンピュータの中で使用されているパルスは，一億分の一秒より短い時間が採用されている．一億分の

一秒を数字で表現すると，0.00000001 秒となる．これらを数字で表現すると煩雑であるし，間違いやすい．そこで，指数表示が使用される．すなわち，

$$10000 = 10^4$$
$$100 = 10^2$$
$$10 = 10^1$$
$$0.1 = 10^{-1}$$
$$0.01 = 10^{-2}$$

のように表現する．一般形は $a^n$ である．$n$ を指数と呼ぶ．先の一年の秒数は

$$3.156 \times 10^7 \text{ 秒}$$

と表現される．

電気現象において使用されている量として，電流がある．送電線に流れている電流は，多い場合 10000 A（10 kA と表す場合もある）程度は珍しくない．また，小さな電流では，一億分の一の，一万分の一 [A] を測ることは特別に難しくはない．つまり，$10^4$ から $10^{-12}$ A まで，16 桁の広い範囲を取り扱うので，指数表示が便利である．

つぎに，指数表示において，$n$ が有理数の場合に定義できることを示す．有理数は，$q/p$ の分数で表せる．$p, q$ は正の整数である．$a$ を正の数とすると，

$$a^{q/p} = \sqrt[p]{a^q} = \{\sqrt[p]{a}\}^q \tag{1・38}$$

で表される．指数に関して，次の公式が成り立つ．

$$a^\alpha \times a^\beta = a^{\alpha+\beta} \tag{1・39}$$

$$\frac{a^\alpha}{a^\beta} = a^{\alpha-\beta} \tag{1・40}$$

$$a^\alpha \times b^\alpha = (a \times b)^\alpha \tag{1・41}$$

$$a^0 = 1 \tag{1・42}$$

【例題 1・3】 次の値を求めよ．
(1) $10^{1/2}$ (2) $10^{1/3}$ (3) $10^{1/4}$ (4) $10^{1/6}$ (5) $10^{1/8}$

【解】 (1) $10^{1/2} = \sqrt[2]{10} = 3.162$ (2) $10^{1/3} = \sqrt[3]{10} = 2.154$
(3) $10^{1/4} = (\sqrt[2]{10})^{1/2} = 1.778$ (4) $10^{1/6} = (\sqrt[3]{10})^{1/2} = 1.468$
(5) $10^{1/8} = \sqrt[2]{1.778} = 1.333$

【例題 1・4】 $10^{0.3}$ の概数を求めよ．

**【解】** 例題 1 の結果より，
$$10^{1/6} \times 10^{1/8} = 10^{1/6+1/8} = 1.468 \times 1.333 = 1.956$$
$$10^{7/24} \fallingdotseq 10^{0.3} \fallingdotseq 2$$

### （2） 指 数 関 数

指数表示，$a^b$ をさらに拡張する．前節において $b$ は自然数のみならず，有理数まで拡張し，$b$ を無理数を含めた実数全体にわたって定義できることを示した．$b$ の値が変化すると，$a^b$ の値も変化する．その関係を式で表し，
$$y = a^x \tag{1・43}$$
とした関数 $y$ を，$a$ を底とする指数関数という．$a$ の値は正ならば定義できる．次の数値 "$e$" を底とした指数関数を単に指数関数とよぶ．
$$e = \lim_{x \to \infty} \left(1 + \frac{1}{x}\right)^x = 2.718281\cdots \tag{1・44}$$
指数関数を
$$y = e^x \tag{1・45}$$
または
$$y = \exp(x) \tag{1・46}$$
と表記する．指数関数は自然現象を表現する関数としてよく用いられる．図 1・10 に指数関数グラフを示した．

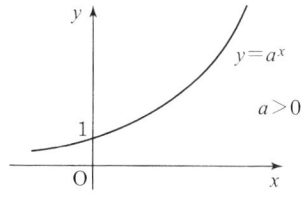

**図 1・10** 指 数 関 数

2 章において説明するが，指数関数は微分しても，積分しても同じ関数であるという，不思議な関数である．

### （3） 対　　　数

指数表現
$$c = a^b \tag{1・47}$$

において，指数部 $b$ を次式のように表す．
$$b = \log_a c \tag{1・48}$$
この式で $b$ は，$a$ を底とする $c$ の対数であり，$c$ を真数という．$a=10$ を底とする対数を常用対数とよび，
$$b = \log_{10} c \tag{1・49}$$
と表記する．底を省略して単に $\log c$ とすることが多い．

さらに，$e$ を底とする対数を自然対数とよび，
$$b = \log_e c, \text{ または } \ln c$$
と表記する．対数に関しての公式は以下に示す．
$$\log_a(\alpha \times \beta) = \log_a \alpha + \log_a \beta \tag{1・50}$$
$$\log_a\left(\frac{\alpha}{\beta}\right) = \log_a \alpha - \log_a \beta \tag{1・51}$$
$$\log_a \alpha^n = n \log_a \alpha \tag{1・52}$$
$$\log_a \alpha = \frac{\log_b \alpha}{\log_b a} \tag{1・53}$$
式 (1・53) は，底を変換する公式であり，常用対数と自然対数の関係を導くためによく利用される．
$$B = 10^b \tag{1・54}$$
の式を常用対数で示すと
$$\log_{10} B = b \tag{1・55}$$
であり，これを自然対数へ変換を行うと
$$\frac{\log_e B}{\log_e 10} = b = \log_{10} B \tag{1・56}$$
である．$\log_e 10 = 2.3026\cdots$ であるから
$$\log_e B = \log_e 10 \times \log_{10} B$$
$$= 2.3026 \times \log_{10} B \tag{1・57}$$
が常用対数から自然対数への変換式である．

**【例題 1・5】** 次の数の対数を求めよ．
　(1) $\log 10$　(2) $\log 100$　(3) $\log 10^7$　(4) $\log 0.1$　(5) $\log 0.01$
**【解】** (1) $\log 10 = 1$　(2) $\log 100 = 2$　(3) $\log 10^7 = 7$
　(4) $\log 0.1 = -1$　(5) $\log 0.01 = -2$

【例題1・6】 $\log 2 = 0.3010$, $\log 3 = 0.4771$ の値を利用して，次の数の対数を求めよ．

(1) $\log 4$  (2) $\log 5$  (3) $\log 6$  (4) $\log 12$  (5) $\log 81$

【解】 (1) $\log 4 = 2\log 2 = 0.6020$   (2) $\log 5 = \log 10 - \log 2 = 0.6990$
(3) $\log 6 = \log 2 + \log 3 = 0.7781$   (4) $\log 12 = 2\log 2 + \log 3 = 1.0791$
(5) $\log 81 = 4\log 3 = 1.9084$

### （4）対 数 関 数

指数関数の場合と同様に，対数関数を定義する．$a$ を底とする対数関数は

$$y = \log_a x \qquad a > 0, \; x > 0 \tag{1・58}$$

と表される．ただし，$x$ は正の領域でのみ定義される．普通，対数関数は，$e$ を底とする関数に対して使われることが多い．すなわち

$$y = \ln x \tag{1・59}$$

である．図1・11に対数関数のグラフを示した．対数関数は指数関数と逆関数の関係にあり，また $y=x$ の直線に対して線対称な関係にある．

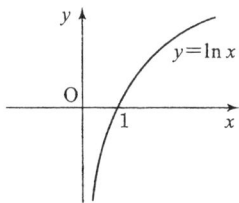

図1・11 対 数 関 数

## 1・5 三 角 関 数
### （1）角 の 定 義

一点を共有する二つの直線の開き方を表すために，角を用いる．理工学で用いる角度の単位は [度(°)] より，[ラジアン] という単位を用いることが多い．図1・12に示すように，二つの直線 $a$, $b$ の交わる点を中心にして半径 $r$ [m] の円を描き，円周上の弧の長さを $L$ [m] とする．そのときの角度は，円周上の弧の長さを円の半径で割った値をもって定義する．このように角度を定義する方法を弧度法という．すなわち，角度 $\theta$ は $L/r$ として求める．そのときの次元（ディメンジョン）は [長さ]/[長さ] であるから無次元である．この単位を

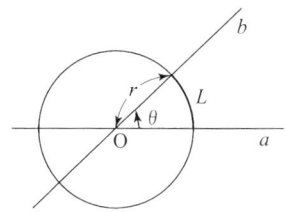

図 1・12　角 の 定 義

ラジアン (radと表記する) という．直角 (90°) は円周角 ($2\pi$) の 4 分の 1 の長さであるので，$\pi/2$ [rad] であり，60°の角度は $2\pi r/6r = \pi/3$ [rad] である．360°は円周角であり，$2\pi$ [rad] になる．角度は普通基準の直線からの開き方が，反時計方向にあるとき正をとり，反対方向にあるとき負をとる．

電気の分野においては，$2\pi$ [rad] より大きな角度を扱うことも多い．図 1・13 において，基準となる直線 $a$ から，他方の直線 $b$ への角度が $2\pi$ [rad] より大きな場合も角度として同様な定義ができる．他方の直線が，反時計方向に 2 回転すれば，角度は $4\pi$ [rad]，2 回半すれば，$5\pi$ [rad] である．また，時計の回転方向に 2 回転すれば，$-4\pi$ [rad] となる．平面図形上では，直線が 1 回転すれば，同じ直線となる．すなわち，

$$\theta = \theta + 2\pi n, \quad n = 0, \pm 1, \pm 2, \cdots$$

である．

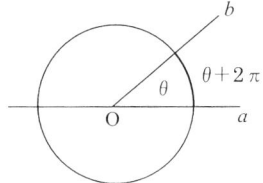

図 1・13　$2\pi$ より大きな角度

【例題 1・7】　次の角度をラジアン角に変換せよ．
　(1)　45°　　(2)　30°　　(3)　135°　　(4)　180°　　(5)　270°
【解】　係数 $\pi/180$ を掛けると
　(1)　$\pi/4$　　(2)　$\pi/6$　　(3)　$3\pi/4$　　(4)　$\pi$　　(5)　$3\pi/2$

## (2) 三角関数

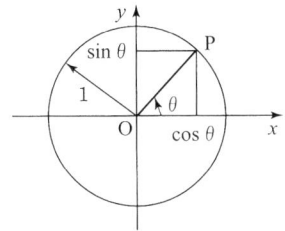

**図 1・14　三　角　比**

図 1・14 に示すように，$x$-$y$ 平面上で原点 O を中心とした半径 1 の円を考える．円周上の 1 点 P を考える．$x$ 軸と動径 OP のなす角度を $\theta$ とする．P の $x$ 軸座標を $\cos\theta$，$y$ 軸座標を $\sin\theta$ と定義する．$\cos\theta$，$\sin\theta$ をそれぞれ動径の余弦，および正弦という．ピタゴラスの定理から，

$$\cos^2\theta + \sin^2\theta = 1 \tag{1・60}$$

の関係があることがわかる．また，正接（$\tan\theta$）を次式

$$\tan\theta = \frac{\sin\theta}{\cos\theta} \tag{1・61}$$

で定義する．正弦，余弦，および正接を三角比という．その他，$\cot\theta$，$\sec\theta$，$\operatorname{cosec}\theta$ を次式により定義する．

$$\cot\theta = \frac{1}{\tan\theta} \tag{1・62}$$

$$\sec\theta = \frac{1}{\cos\theta} \tag{1・63}$$

$$\operatorname{cosec}\theta = \frac{1}{\sin\theta} \tag{1・64}$$

三角比の公式をまとめて，記載しておく．

基本的性質
$$\sin(-\theta) = -\sin\theta \tag{1・65}$$
$$\cos(-\theta) = \cos\theta \tag{1・66}$$
$$\tan(-\theta) = -\tan\theta \tag{1・67}$$
$$\sin\left(\frac{\pi}{2} - \theta\right) = \cos\theta \tag{1・68}$$
$$\cos\left(\frac{\pi}{2} - \theta\right) = \sin\theta \tag{1・69}$$

加法定理
$$\sin(\alpha \pm \beta) = \sin\alpha\cos\beta \pm \cos\alpha\sin\beta \tag{1・70}$$

$$\cos(\alpha \pm \beta) = \cos\alpha\cos\beta \mp \sin\alpha\sin\beta \quad (1\cdot71)$$

次に三角関数を定義する．変数 $x$ の関数，

$$y = \sin x \quad (1\cdot72)$$
$$y = \cos x \quad (1\cdot73)$$
$$y = \tan x \quad (1\cdot74)$$

をそれぞれ，正弦関数，余弦関数，および正接関数という．$x$ の定義域は $(-\infty, \infty)$ であり，関数のグラフを図 1・15 に示した．

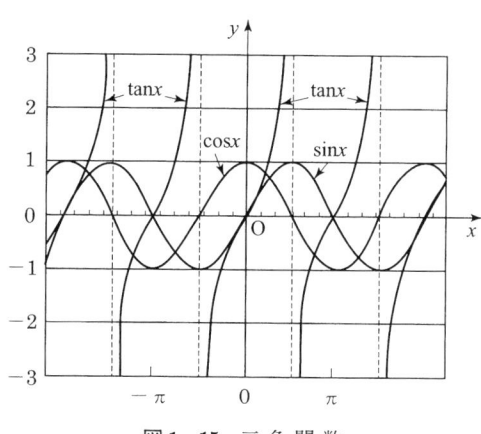

図 1・15　三 角 関 数

次に，逆正弦関数を定義する．正弦関数 $y=\sin x$ の変数を入れ替え，

$$x = \sin y \quad (1\cdot75)$$

とする．これは，角度 $y$ のときの正弦 $x$ を求める関数である．

正弦の値 $x$ を与えるときの角度 $y$ はどのような式になるかを考える．この関係を表す関数として，

$$y = \sin^{-1} x \quad (1\cdot76)$$

と定義する．この関数を「逆正弦関数」とよび，アークサイン $x$ と発音する．変数 $x$ のとりうる定義域は，$-1 \leqq x \leqq 1$ である．正弦関数は周期関数であるから，逆正弦関数にあっては，ひとつの $x$ を与えると，図 1・16 に示すようにそれに該当する $y$ の値は多数存在し，多価関数となる．そこで，$y$ の定義域を代表的な範囲に限定して考えることにする．逆正弦関数の場合には，$y$ の定義域は，$-\pi/2 \leqq y \leqq \pi/2$ とする．この範囲を主値とよぶ．

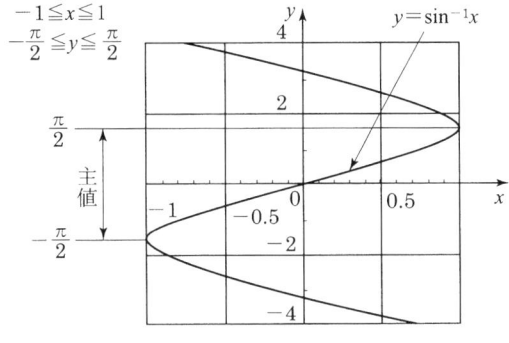

図 1・16 逆三角関数

　同様に，逆余弦関数 (アークコサイン)，および逆正接関数 (アークタンジェント) が定義できる．

$$y = \cos^{-1} x \tag{1・77}$$

$$y = \tan^{-1} x \tag{1・78}$$

逆余弦関数の変数 $x$, $y$ の定義域はそれぞれ $-1 \leq x \leq 1$, $0 \leq y \leq \pi$, および逆正接関数の定義域は $-\infty < x < \infty$, $-\pi/2 \leq y \leq \pi/2$ である．

**【例題 1・8】** 次の関数の値を求めよ．

(1) $\sin(\pi/6)$　　(2) $\cos(\pi/4)$　　(3) $\tan(\pi/3)$

(4) $\sin^{-1}(\sqrt{3}/2)$　　(5) $\cos^{-1}(-1/2)$　　(6) $\tan^{-1}(1)$

**【解】** (1) $\sin\left(\dfrac{\pi}{6}\right) = \dfrac{1}{2}$　(2) $\cos\left(\dfrac{\pi}{4}\right) = \dfrac{1}{\sqrt{2}}$　(3) $\tan\left(\dfrac{\pi}{3}\right) = \sqrt{3}$

(4) $\sin^{-1}\left(\dfrac{\sqrt{3}}{2}\right) = \dfrac{\pi}{3}$　(5) $\cos^{-1}\left(-\dfrac{1}{2}\right) = \dfrac{2\pi}{3}$　(6) $\tan^{-1}(1) = \dfrac{\pi}{4}$

### （3） 単振動と三角関数

　$x$-$y$ 平面において，原点を中心とする半径 $a$ の円周上を等速度 $\omega$[rad/時間] で回転する動点 P から $x$ 軸，および $y$ 軸への正射影の示す運動を単振動という．ここでは，$y$ 軸への影を考えてみることにする．図 1・17 に示すように，$y$ 軸上の影の長さは

$$y = a\sin\theta = a\sin(\omega t) \tag{1・79}$$

である．その運動は波となっており，正弦関数で表される．$a$ を波動の振幅と

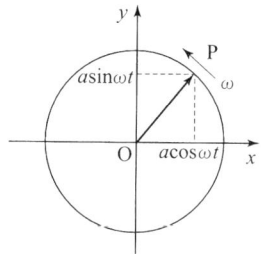

図 1・17 三角関数と単振動

いう．$\omega$ は角速度とよび，単位は [rad/時間] である．電気の分野では，時間の単位は秒を取ることが多い．動点が円周を 1 周するために必要な時間は，

$$\frac{2\pi}{\omega} \tag{1・80}$$

であり，単位時間（例えば 1 秒当たり）の回転数 $N$ は $\omega/2\pi$ [回/秒：Hz] となり，これを振動数，または周波数ともいう．

　発電所から家庭に送られてくる電力，放送局から送られてくるラジオやテレビの電波は交流が使用されている．これらの交流の電圧や電流の時間的変化は，正弦波，あるいは余弦波で代表される．交流電圧電流において 1 秒間の波の数を周波数とよび，単位はヘルツ [Hz] で表す．また，その逆数は一つの波と次の波との間の時間であり周期とよんでいる．エネルギーとして送られる電力の周波数は，商用周波数とよばれており，東日本では 50 Hz，西日本では 60 Hz の交流が使われている．放送局から送られてくるラジオやテレビの電波は，高い周波数の交流が使われている．100 MHz の電波の場合，1 周期がわずか $10^{-8}$ 秒（これを 10 ns ともいう）であり非常に短い．一つの放送局から発信される電波の周波数は法律で定められている．

## 1・6　ガウス平面と複素関数
### （1）　ガウス平面
　複素数 $A$ は

$$A = a + jb \tag{1・81}$$

で示される．ここで，$a$，$b$ は実数で，$j = \sqrt{-1}$ は虚数単位である．数学では $i$ を用いるが，電気の分野では，$i$ は電流の記号として使用されることが多い

ので，$i$ の代わりに $j$ を使用する習慣となっている．$a$ を $\boldsymbol{A}$ の実数部，$jb$ を $\boldsymbol{A}$ の虚数部という．

　$x$-$y$ 直交座標系において，横軸（$x$ 軸）を実数軸，縦軸（$y$ 軸）を虚数軸とすると，$\boldsymbol{A}$ は座標系の中の 1 点を表す．方向性を重視すると，原点を始点とするベクトル $\boldsymbol{A}$ を示すと見てもよい．

　虚数部分の符号をかえて

$$\boldsymbol{A}^* = a - jb \tag{1・82}$$

は，$\boldsymbol{A}$ の共役複素数と呼ばれる．

$$\begin{aligned}\boldsymbol{A}^*\boldsymbol{A} &= (a+jb)(a-jb) \\ &= a^2 + b^2\end{aligned} \tag{1・83}$$

両者の積は実数となる．座標上で，$\boldsymbol{A}$ と $\boldsymbol{A}^*$ は $x$ 軸について対称の位置にある．図 1・18 のように，実数軸，虚数軸からなる平面を複素平面，またはガウス平面と呼ぶ．複素数はこの平面上に存在する点を意味する．$a$, $b$ を直交座標系の座標という．

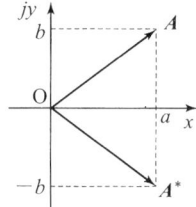

図 1・18　ガウス平面と共役複素数

### （2）複素数と三角関数

　複素数 $\boldsymbol{A}=a+jb$ はまた，別の座標系を用いて表すことができる．直交座標系の原点から，$\boldsymbol{A}$ までの距離，すなわち，ベクトルの大きさ $r$，および実数軸からの角度 $\theta$ によって複素数を表す．

　ピタゴラスの定理により $r$ は

$$r = \sqrt{a^2 + b^2} \tag{1・84}$$

で表される．また，三角関数の定義により，

$$\theta = \tan^{-1}\left(\frac{b}{a}\right) \tag{1・85}$$

である．$a$, $b$ を $r$ と $\theta$ を用いて表すと，

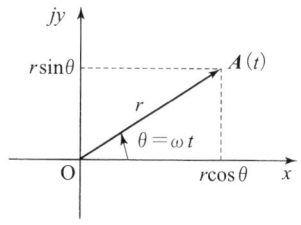

図1・19 ベクトル

$$a = r\cos\theta \tag{1・86}$$
$$b = r\sin\theta \tag{1・87}$$

であるから，複素数 $A$ は

$$A = r(\cos\theta + j\sin\theta) \tag{1・88}$$

で表される．複素数 $A$ を $r$ と $\theta$ で表す座標系を極座標系という．$\theta$ が一定の角速度 $\omega$ で，時間とともに変化する場合には，$\theta$ を $\omega t$ で置き換えて

$$A(t) = r(\cos\omega t + j\sin\omega t) \tag{1・89}$$

と書くことができる．このようにベクトル自体を時間の関数として考えることができる．また，式 (1・89) の表現は，ガウス平面上を移動する点とみることもできる．この様子を図1・19に示した．

原点を中心として半径が $r$ の円を描き，原点とその円周上の1点を結んだ方向を $\omega t$ で示すと，半径 $r$ の円周上の点は実数軸上の目盛が $r\cos\omega t$，虚数軸上の目盛が $r\sin\omega t$ である．

電気工学では，次の表現がしばしば使用される．

$$e^{j\theta} = \cos\theta + j\sin\theta \tag{1・90}$$

式 (1・90) をオイラーの公式とよぶ．オイラーの公式を用いると，複素数 $A$ は

$$\begin{aligned}A &= a + jb \\ &= r(\cos\theta + j\sin\theta) = re^{j\theta}\end{aligned} \tag{1・91}$$

と表される．複素数と三角関数の関係でよく知られているド・モアブルの定理

$$(\cos\theta + j\sin\theta)^n = \cos n\theta + j\sin n\theta \tag{1・92}$$

もオイラーの公式を使うと簡単に証明できる．

$$\begin{aligned}(\cos\theta + j\sin\theta)^n &= (e^{j\theta})^n = (e^{jn\theta}) \\ &= \cos n\theta + j\sin n\theta\end{aligned} \tag{1・93}$$

【例題 1・9】 オイラーの公式を利用して，次の複素数を極座標で表せ．
(1) $-1$　(2) $j$

【解】(1) $-1 = \cos\pi + j\sin\pi = e^{j\pi}$

(2) $j = \cos\left(\dfrac{\pi}{2}\right) + j\sin\left(\dfrac{\pi}{2}\right) = e^{j\pi/2}$

【例題 1・10】 オイラーの公式を利用して，次の複素数を直交座標で表せ．
(1) $e^{j\pi/3}$　(2) $e^{j\pi/6}$

【解】(1) $e^{j\pi/3} = \cos\left(\dfrac{\pi}{3}\right) + j\sin\left(\dfrac{\pi}{3}\right) = \dfrac{1}{2} + j\dfrac{\sqrt{3}}{2}$

(2) $e^{j\pi/6} = \cos\left(\dfrac{\pi}{6}\right) + j\sin\left(\dfrac{\pi}{6}\right) = \dfrac{\sqrt{3}}{2} + j\dfrac{1}{2}$

(3) **交流信号とベクトル**

電気電子通信工学の分野では，交流信号，それも正弦波交流信号を扱う場合が多い．正弦波交流信号を複素数（ベクトル）表示して解析すると便利である．この節では，その手法を説明する．

交流電圧信号を
$$e(t) = E_m \sin(\omega t + \theta) \tag{1・94}$$
と表す．$e(t)$ を電圧の瞬時値，$E_m$ を最大値，$\omega$ を角周波数，そして $\theta$ を位相という．オイラーの公式を用いると，
$$E_m e^{j(\omega t + \theta)} = E_m \cos(\omega t + \theta) + jE_m \sin(\omega t + \theta) \tag{1・95}$$
と表すことができる．従って式 (1・94) で示した瞬時電圧信号は $E_m e^{j(\omega t + \theta)}$ の虚数部分に相当する．この $E_m e^{j(\omega t + \theta)}$ を正弦波の複素数表示という．

図 1・20 に示すように，$E_m e^{j(\omega t + \theta)}$ は，複素平面上のベクトル OP を表す．

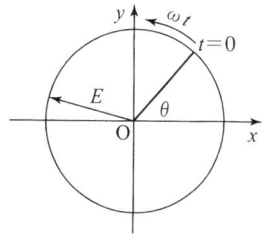

図 1・20　交流信号とベクトル

OP は大きさ $E_m$，$t=0$ のときの位相（実軸とのなす角）$\theta$ のベクトルである．P 点は $t$ の増加とともに一定角速度 $\omega$ で反時計方向に回転する．この複素ベクトル OP を回転フェーザという．交流信号の瞬時値は，回転フェーザの虚数部に相当し，一定角速度で回転するので，$e^{j\omega t}$ を省いても計算上は差し支えない．

そこで，正弦波交流信号の複素数表示は，$e^{j\omega t}$ を省いて $E_m$ と $\theta$ とを用いて計算することにしている．すなわち

$$\boldsymbol{E} = Ee^{j\theta} = E(\cos\theta + j\sin\theta) \tag{1・96}$$

と表す．$\boldsymbol{E}$ は複素電圧とよぶ．この式において，$E$ は実効値を用いる．

$$E = \frac{E_m}{\sqrt{2}} \tag{1・97}$$

例として，電気回路における単一素子の電圧電流特性を，複素数表示を用いて計算する．

**（a）抵　　抗**

抵抗に，

$$i(t) = I_m \sin(\omega t + \theta) \tag{1・98}$$

の電流を流すと，その両端には

$$v(t) = RI_m \sin(\omega t + \theta) = V_m \sin(\omega t + \theta) \tag{1・99}$$

の電圧が発生する．この電圧電流の関係を複素数で表すと，

$$\boldsymbol{I} = Ie^{j\theta} = I(\cos\theta + j\sin\theta) \tag{1・100}$$

$$\boldsymbol{V} = RIe^{j\theta} = RI(\cos\theta + j\sin\theta)$$
$$= V(\cos\theta + j\sin\theta) \tag{1・101}$$

電圧電流の比は

$$\frac{\boldsymbol{V}}{\boldsymbol{I}} = \frac{V}{I} = R \tag{1・102}$$

となり，直流信号の場合と同じである．

**（b）インダクタ**

インダクタに，

$$i(t) = I_m \sin(\omega t + \theta) \tag{1・103}$$

の電流を流すと，その両端には，電流の微分に比例する電圧が発生する．

$$v(t) = L\frac{di}{dt} = L\omega I_m \cos(\omega t + \theta) = V_m \cos(\omega t + \theta)$$

$$= V_m \sin\left(\omega t + \theta + \frac{\pi}{2}\right) \tag{1・104}$$

この電圧電流の関係を複素数で表すと，

$$\boldsymbol{I} = Ie^{j\theta} = I(\cos\theta + j\sin\theta) \tag{1・105}$$

$$\boldsymbol{V} = \omega L I e^{j(\theta+\pi/2)} = \omega L I \left\{\cos\left(\theta + \frac{\pi}{2}\right) + j\sin\left(\theta + \frac{\pi}{2}\right)\right\}$$

$$= V\left\{\cos\left(\theta + \frac{\pi}{2}\right) + j\sin\left(\theta + \frac{\pi}{2}\right)\right\} \tag{1・106}$$

電圧電流の比は

$$\frac{\boldsymbol{V}}{\boldsymbol{I}} = \omega L e^{j\pi/2} = j\omega L \tag{1・107}$$

となる．直流信号の場合と異なり，複素数である．これを複素インピーダンスという．電圧電流の位相を調べると，電流は電圧より $\pi/2$ 遅れていることがわかる．

（c）キャパシタ

キャパシタに，

$$i(t) = I_m \sin(\omega t + \theta) \tag{1・108}$$

の電流を流すと，その両端には，電流の積分に比例する電圧が発生する．

$$v(t) = \left(\frac{1}{C}\right)\int i dt = -\left(\frac{I_m}{\omega C}\right)\cos(\omega t + \theta)$$

$$= -V_m \cos(\omega t + \theta)$$

$$= V_m \sin\left(\omega t + \theta - \frac{\pi}{2}\right) \tag{1・109}$$

この電圧電流の関係を複素数で表すと，

$$\boldsymbol{I} = Ie^{j\theta} = I(\cos\theta + j\sin\theta) \tag{1・110}$$

$$\boldsymbol{V} = \left(\frac{I}{\omega C}\right)e^{j(\theta-\pi/2)} = \left(\frac{I}{\omega C}\right)\left\{\cos\left(\theta - \frac{\pi}{2}\right) + j\sin\left(\theta - \frac{\pi}{2}\right)\right\}$$

$$= V\left\{\cos\left(\theta - \frac{\pi}{2}\right) + j\sin\left(\theta - \frac{\pi}{2}\right)\right\} \tag{1・111}$$

電圧電流の比は

$$\frac{\boldsymbol{V}}{\boldsymbol{I}} = \left(\frac{1}{\omega C}\right)e^{j-\pi/2} = -j\left(\frac{1}{\omega C}\right) = \frac{1}{j\omega C} \tag{1・112}$$

となる．これも複素インピーダンスという．電圧電流の位相を調べると，電流は電圧より $\pi/2$ 進んでいることがわかる．

## 第1章 よく使われる関数

**【例題1・11】** 次の複素数をフェーザに，フェーザを複素数に変換せよ．ただし，$E=e^{j\theta}=E\angle\theta$ で表す．

(1) $10\angle\pi/4$    (2) $100\angle\pi/2$    (3) $\sqrt{2}+j\sqrt{2}$    (4) $-1-j$

**【解】** (1) $10\angle\pi/4$    $10\left\{\cos\left(\dfrac{\pi}{4}\right)+j\sin\left(\dfrac{\pi}{4}\right)\right\}=5\sqrt{2}(1+j)$

(2) $100\angle\pi/2$    $100\left\{\cos\left(\dfrac{\pi}{2}\right)+j\sin\left(\dfrac{\pi}{2}\right)\right\}=0+j100$

(3) $\sqrt{2}+j\sqrt{2}=2\left\{\cos\left(\dfrac{\pi}{4}\right)+j\sin\left(\dfrac{\pi}{4}\right)\right\}$    $2\angle\pi/4$

(4) $-1-j=\sqrt{2}\left\{\cos\left(\dfrac{5\pi}{4}\right)+j\sin\left(\dfrac{5\pi}{4}\right)\right\}$    $\sqrt{2}\angle 5\pi/4$

**【例題1・12】** 次の電圧電流の瞬時値を複素数に，複素数を瞬時値に変換せよ．

(1) $v(t)=141\sin(\omega t+\pi/3)$    (2) $E=-5+j5$

**【解】** (1) $V=100\angle\pi/3=100\left\{\cos\left(\dfrac{\pi}{3}\right)+j\sin\left(\dfrac{\pi}{3}\right)\right\}=50\sqrt{2}(1+j\sqrt{3})$

(2) $E=-5+tj5=5\sqrt{2}\angle 3\pi/4=5\sqrt{2}\left\{\cos\left(\dfrac{3\pi}{4}\right)+j\sin\left(\dfrac{3\pi}{4}\right)\right\}$

$e(t)=10\sin\left(\omega t+\dfrac{3\pi}{4}\right)$

## 演習問題

1． 次の関係が比例するのはどれか．その比例関係がどのような条件の下で成立するかを述べよ．
 （a） 勉強時間と成績    （b） 電波の伝播距離と時間
 （c） 電流と電荷    （d） 電力量と時間
2． JR の距離と運賃の関係をグラフに示し，直線関係が成立する範囲を示せ．
3． 次の3元連立方程式を解け．
$$z=2x+3y-11$$
$$z=3x-2y+7$$
$$-z=4x-5y+7$$
4． 図1・21に示された電気回路において，各経路を流れる電流を求めよ．
 この電気回路において，キルヒホッフの法則を用いて回路方程式を作ると次式となる．

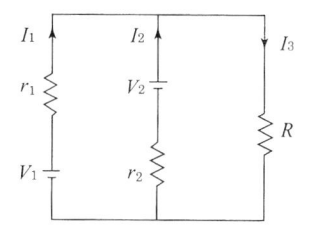

図 1・21 電気回路

$$r_1 I_1 + R I_3 = V_1$$
$$r_2 I_2 + R I_3 = V_2$$
$$I_1 + I_2 = I_3$$

5. 電力 $P$ は電圧を $V$, 抵抗を $R$ とすると $V^2/R$ で示される. $R=10\,\Omega$, $V=100\,\mathrm{V}$ とする. 電圧が 98 V に低下したら, 電力はいくらに低下するか. 電圧が $x$ % 低下すると電力は何 % 低下するか.

6. 高さ 0 m の地点から水平方向 10 m/s, 垂直方向 30 m/s の初速度で, 質量 $m$ [kg] の物体を打ち上げたとする. 水平方向 10 m の地点で物体の高さはいくらか. また 12 m の地点ではどうか.

7. $a^2 x^2 - b^2 y^2 = C^2$ のグラフを描け. ただし $a>0$, $b>0$, $C>0$ とする.

8. 100 は常用対数では 2 である. これを自然対数で表すといくらになるか.

9. 自然対数で $A$ である数値を常用対数で表すといくらになるか.

10. 静電容量 $C$ [F] の大きなキャパシタ (コンデンサ) に電荷 $Q$ [C] が蓄えられ, 電圧 $V=Q/C$ [V] が保たれている. 抵抗 $R$ [Ω] を介して放電すると, その後の電圧は $V=(Q/C)e^{-t/CR}$ で示される.
 $t=CR$, $t=2CR$, $t=3CR$ の時刻では電圧はそれぞれいくらになるか.

11. 容量の大きな電圧 $V_0$ の電池に, 抵抗 $R$ を通じて容量 $C$ のキャパシタに電荷を送り込む. $t=0$ にスイッチを入れると, キャパシタに発生する電圧は
$$V = V_0(1 - e^{-t/CR})$$
で示される. $V=0.99 V_0$ になる時刻を求めよ.

12. 次の値を求めよ.
 (1) $\sin 210°$ (2) $\tan 210°$ (3) $\cos(-450°)$
 (4) $\sin\dfrac{4\pi}{3}$ (5) $\cos\dfrac{11\pi}{6}$ (6) $\tan\dfrac{7\pi}{3}$

13. 加法定理を用いて, 次の式を証明せよ.
 (1) $\sin 3x = 3\sin x - 4\sin^3 x$
 (2) $\cos 3x = 4\cos^3 x - 3\cos x$

14. $\cos\dfrac{\pi}{6} + j\sin\dfrac{\pi}{6}$ を $x$-$y$ 平面上に示せ.

15. 複素数を指数の形で示してある. これを $x$-$y$ 平面上に示せ.
 (1) $e^{j\pi/2}$ (2) $e^{j\pi/3}$ (3) $e^{j2\pi/3}$ (4) $e^{j7\pi/3}$ (5) $e^{j5\pi/2}$

# 第2章 電気電子現象と数式

## 2・1 観測には誤差が含まれる
### （1） 式の成立と条件
　物理現象や特性を表すために，最もふさわしい数学モデル，すなわち数式や方程式が使用される．物理現象は，方程式が先にあって特性が決まるものではない．表したい特性は，理論的に求められる場合と，経験（実験）に基づいて求められ，それらが式で表現される場合とがある．理論的に求められた関係を表す式が実際の現象に当てはまるかどうかは，数式で表された関係と，実際に求められた「実験による数値，実測による関係」と一致するかどうかによって判断される．経験式の場合は，どのような条件のもとで，あるいは，どのような範囲で成立するかを確かめ，その条件，その範囲で正しいと認識される．

### （2） 観測と近似
　測定した結果を表すデータをグラフに示した例として，図2・1と図2・2を見よう．測定対象が簡単な原理で動いている場合，図2・1のように理想的な比例関係を示すデータが得られるであろう．しかし，場合によって変化する量（例えば時刻によって変化する体重や身長は朝と夜では異なる）では，同じ対

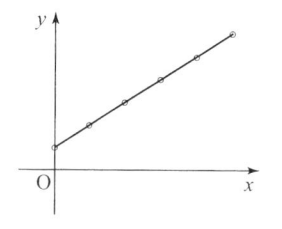

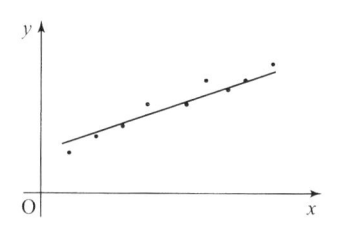

　　図2・1　理想的比例関係　　　　図2・2　誤差のあるデータ表示

象物を計ったとしても，その測定ごとに違った値になるし，一般的には，幾分ばらついた結果が得られることの方が普通である．どれだけばらつくかによって，求められた値を信用できる度合いも異なってくる．

ある物理量をできる限り同じ条件で $N$ 回測定した場合を考える．毎回の測定値を $x_i$，その平均値を $x_0$ とすると，ばらつきの程度を表す量は，次の式により定量的に表される．ここで，$x_i$ は同一の物を何回も測定する場合と同類のものを何個も測定する場合がある．

$$d = \frac{1}{N}\sum_{i=1}^{n}|x_i - x_0| \tag{2・1}$$

$$s = \frac{1}{N}\sqrt{\sum_{i=1}^{n}(x_i - x_0)^2} \tag{2・2}$$

前者は平均偏差，後者は標準偏差と呼ばれる．これらの値が小さい方が，測定結果の信頼性が高いと言える．

図2・2の場合，測定器の状態，あるいは読みとり，思いこみ等による誤差が含まれており，真の値からすると近似値なのである．得られたデータから真の値を推測しなければならない．

真の値をどのようにして知ることができるだろうか．この問題は統計数学の分野で詳しく述べられている．実用上，平均値で代用することが多いが，本来は平均値を真値と見なして良いかの検討も必要である．

## 2・2 観測と検証
### （1）直線による表示

ある関係が成立しているかどうかを簡単に見分けることができるのは直線関係のときである．伸びが加重に比例するフックの法則，電流と電圧が比例するオームの法則の場合は1次関数であり，その関係は直線であり，確かめることは簡単である．

抵抗体内の電流による発熱（これをジュール熱という）の場合，発熱量は電流の2乗に比例する．電気抵抗 $R$ [Ω] に電流 $I$ [A] が流れているとき，1秒間に消費され熱に変換される電力 $P$ [W] は

$$P = I^2 R \tag{2・3}$$

である．この関係が成立するかどうかを確かめる．式 (2・3) の場合は，電流と電力の関係は直線にならず，電力 $P$ は電流 $I$ の2乗に比例する．すなわち，

前章で示したように放物線であり，確認することは困難である．これを直線関係に変換することができれば，確認が容易になる．直線の関係に変換する方法は幾つかある．簡単な変換法は横軸を2乗目盛りにすることである．平等目盛りで1を1，4の所を2，9の所に3，…として，電流軸とする方法である．しかし数が大きくなると，長い用紙が必要となり，使用範囲が限られてくる．

そこで，対数を使う方法がある．式(2・3)の両辺を対数表示すると

$$\log P = 2\log I + \log R \qquad (2\cdot4)$$

となる．$R$を一定とすると右辺第2項は定数となる．これを$b$としよう．そこで$\log P = Y$，$\log I = X$と記号を変えると

$$Y = 2X + b \qquad (2\cdot5)$$

の1次式になる．つまり，縦軸，横軸をともに対数目盛にした両対数グラフ上では直線で示されることになる．両対数グラフ上で直線になるかどうかをみれば，式(2・3)の関係が成立することを判断することは容易である．

一般に

$$y = ax^n \qquad (2\cdot6)$$

の関係は，両辺の対数をとれば

$$\log y = \log a + n \log x \qquad (2\cdot7)$$

となり，両対数グラフの上では図2・3のように直線関係を示すので，その勾配として$n$，切片から$a$が求まる．

指数関数で示される現象

$$y = ae^{bx} \qquad (2\cdot8)$$

も電気電子工学ではしばしば見られる．例として，コンデンサと抵抗とを直列につないだ回路において，コンデンサに貯えられた電荷量が，時間とともに減少する現象について考える．電荷量は

$$q = q_0 e^{-\alpha t} \qquad (2\cdot9)$$

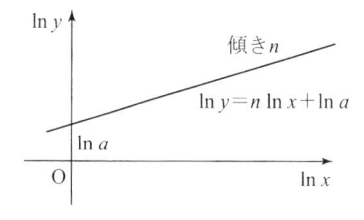

図2・3 両対数グラフによる直線表示

で表される．ここで，$q_0$ は電荷量の初期値，$1/a$ は時間の単位を有する定数である．

式(2・8)の場合には自然対数を用いて
$$\ln y = \ln a + bx \tag{2・10}$$
となるので，$\ln y = Y$，$\ln a = A$ とすると，やはり
$$Y = A + bx \tag{2・11}$$
となり，$Y$ は $x$ の1次式となる．横軸を真数，縦軸を自然対数目盛りにすれば直線となる．自然対数は実際の数との対応や，10進法との関連が把握しにくい．そこで，式(2・8)を自然対数ではなく，常用対数表示すると
$$\log y = \log a + bx \log e \tag{2・12}$$
となる．前と同様に $\log y = Y$，$\log a = A$ として，
$$Y = A + (b \log e)x \tag{2・13}$$
$$Y = A + 0.434 bx \tag{2・14}$$
となる．従って，図2・4に示すように，縦軸が対数目盛り，横軸が実数目盛りの片対数グラフ用紙を用いると，グラフ上で，勾配が $0.434 b$，切片が $A = \log a$ の直線が得られる．

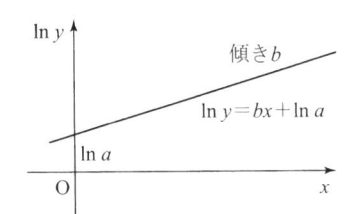

図2・4　片対数グラフによる直線表示

**(2) 使用される事の多い関数形**

**(a) 1次式の例**

電流 $I$ と電圧 $V$ の比例式は
$$I = GV \tag{2・15}$$
である．$G$ はコンダクタンスと呼ばれる．単位はジーメンス[S]である．

別な例としてキャパシタ（コンデンサ）の電荷と電圧の関係がある．静電容量 $C$ [F] のコンデンサに電荷 $Q$ [C] が貯えられていると，コンデンサの電圧は $V = Q/C$ である．電流 $I$ によって時間 $t$ の間に運び込まれる電荷 $Q$ は電

流×時間であるから，
$$V = \frac{I}{C}t \tag{2・16}$$
$V$ は $t$ の1次関数となる．$t=0$ のときすでに電圧 $V_0$ が加えられていると
$$V = V_0 + \frac{I}{C}t \tag{2・17}$$
となり，$V$ は $t$ の1次式となる．

### （b） 2次式の例
比例定数を $a$ とすれば
$$y = ax^2 \tag{2・18}$$
が基本形である．真空中において電圧 $V$ で加速された電子の速度 $v$ は
$$eV = \frac{mv^2}{2} \tag{2・19}$$

$m$：電子の質量，$e$：素電荷 $\fallingdotseq 1.6 \times 10^{-19}$ [C]

となり，電子の速度は加速電圧の平方根に比例する．両対数グラフを使えば，勾配（$=1/2$）を知ることができる．

### （c） 指数関数の例
ある量 $x$ が変化するとき，微少時間 $dt$ 間の $x$ の変化量 $dx$ がその時点の量 $x$ に比例するなら
$$dx \propto xdt \tag{2・20}$$
である．比例係数を $a$ とすると
$$dx = axdt \tag{2・21}$$
となる．解法は 2・6 節で説明するが，この方程式の解は
$$x = x_0 e^{at} \tag{2・22}$$
となる．この式は指数関数であり，両辺の対数をとれば，
$$\log x = \log x_0 + at \tag{2・23}$$
であり，片対数グラフにあらわせば直線である．

## 2・3 微分法とその応用
### （1） 微分と導関数
#### （a） 位置と速度
直線上を移動する物体の位置と速度との関係を考える．図 2・5 に示すように，直線上を移動する物体の時間 $t$ と位置 $x$ の関係が得られたとする．時刻

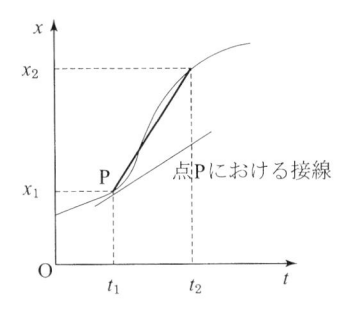

図2・5 平均移動速度

$t_1$ と $t_2$ の間に物体は $x_1$ から $x_2$ に移動したので，この間の平均移動速度は，

$$v = \frac{x_2 - x_1}{t_2 - t_1} \tag{2・24}$$

である．この平均移動速度は，この間に速度が変化したときにも定義できる．では，ある時刻における速度はどのように定義されるか考える．$t_2$ を $t_1$ からわずかに変化した時間をとる，すなわち $t_2 - t_1 = \Delta t$ をごく短い時間とすると，$x_2 - x_1 = \Delta x$ もごく短い距離となる．このとき，$\Delta x / \Delta t$ は $t_1$ から $\Delta t$ 時間の平均移動速度と考えられる．この $\Delta t$ を限りなく 0 に近づけるとき，すなわち，$t_2 - t_1$ が限りなく一致するときの $\Delta x / \Delta t$ の極限値が，$t = t_1$ における瞬時速度である．あるいは単にその時点における速度という．式で表せば，

$$\lim_{\Delta t \to 0} \frac{\Delta x}{\Delta t} = \frac{dx}{dt} = v \tag{2・25}$$

なお，図2・5についていえば，$t_1$ における瞬時速度は，点Pにおける接線の傾き(勾配)である．

(b) 微分と導関数

$x$ が独立変数であり，$y$ が $x$ の関数であるとすると，$y = f(x)$ のように表現できる．独立変数 $x$ のわずかな増分を $\Delta x$，または $dx$ で表す．独立変数 $x$ の増分に対して，一般に $y$ も変化するので，その増分を $\Delta y$，または $dy$ で表す．$\Delta x$ を限りなく零に近づけたときの，$\Delta y / \Delta x$ の極限値

$$\lim_{\Delta x \to 0} \frac{\Delta y}{\Delta x} = \lim_{\Delta x \to 0} \frac{f(x + \Delta x) - f(x)}{\Delta x} \tag{2・26}$$

を，関数 $f(x)$ の微分係数，微係数，または導関数とよぶ．導関数を

$$\frac{dy}{dx}, \quad \frac{df(x)}{dx}, \quad f'$$

のように書く．ある関数の導関数を求めることを，'関数を微分'するという．また，導関数は，曲線 $y=f(x)$ の接線の傾きでもある．前述の位置と速度の関係において，速度 $v$ は距離 $x$ の導関数である．

**【例題 2・1】** 次の関数の導関数を求めよ．
(1) $y = x^2$ (2) $x^n$

**【解】** (1) 定義により
$$\frac{dy}{dx} = \lim_{\Delta x \to 0}\frac{(x+\Delta x)^2 - x^2}{\Delta x} = \lim_{\Delta x \to 0}\{2x + \Delta x\} = 2x$$

(2) $\dfrac{dy}{dx} = \lim\limits_{\Delta x \to 0}\dfrac{(x+\Delta x)^n - x^n}{\Delta x}$
$= \lim\limits_{\Delta x \to 0}\{nx^{n-1} + Cx^{n-2}\Delta x + \cdots\} = nx^{n-1}$

つぎに，導関数の導関数を求める．$x$ の関数 $f(x)$ の導関数を $f'(x)$ とする．さらにこれを微分すると

$$f''(x) = \lim_{\Delta x \to 0}\frac{f'(x+\Delta x) - f'(x)}{\Delta x} \qquad (2 \cdot 27)$$

となり，$f''(x)$ を $f(x)$ の 2 次導関数という．さらに微分を続け，$n$ 回微分して得られる導関数を，$n$ 次導関数（$n$ 次微分）という．

$$f^{(n)}(x) = \frac{d^n f(x)}{dx^n} \qquad (2 \cdot 28)$$

電気電子工学でよく使用される関数の微分公式を表 2・1 に示す．

表 2・1

|  | $f(x)$ | $f'(x)$ |
|---|---|---|
| べき乗 | $x^n$ | $nx^{n-1}$ |
| 指数関数 | $e^x$ | $e^x$ |
| 対数関数 | $\ln x$ | $1/x$ |
| 正弦関数 | $\sin x$ | $\cos x$ |
| 余弦関数 | $\cos x$ | $-\sin x$ |

**（2） 微分の意味 ―接線の勾配―**

関数の導関数を求めること，すなわち，微分することの物理的意味を考える．関数を微分することは，曲線の接線の傾きを求めることであり，接線の傾きはその点における曲線の変化率を表す．

時間と移動距離との関係から，距離 $x$ を時間 $t$ で微分すると速度 $v$ が求まる．また速度 $v$ を時間で微分すると，加速度 $a$ が得られる．

$$v = \frac{dx}{dt}, \quad a = \frac{dv}{dt} = \frac{d^2x}{dt^2} \tag{2・29}$$

電気に関する現象では，電流と電荷量との関係で説明できる．電流 $i$ はある断面と直交して通過する単位時間当たりの電荷量 $q$ の時間微分により表すことができる．式で表せば

$$i = \frac{dq}{dt} \tag{2・30}$$

である．電流は電荷量の時間的変化率とみることができる．また，インダクタに電流を流すとき，インダクタの両端に発生する電圧は電流の時間微分である．すなわち，

$$v = L\frac{di}{dt} \tag{2・31}$$

という関係にある．$L$ はインダクタンスとよばれる比例定数である．このように，物理現象には，変化率に比例して生じる現象が少なからず存在する．

**（3） 導関数の公式**
**（a） 関数の定数倍の導関数**

$$(cf(x))' = cf'(x) \tag{2・32}$$

**（b） 和・差の導関数**

$$\{f(x) \pm g(x)\}' = f'(x) \pm g'(x) \tag{2・33}$$

［例］ $\dfrac{d(x + \sin x)}{dx} = 1 + \cos x$

**（c） 積の導関数**

$$\{f(x) \cdot g(x)\}' = \{f'(x)g(x) + f(x)g'(x)\} \tag{2・34}$$

［例］ $(e^{-at}\sin x)' = -ae^{-at}\sin x + e^{-at}\cos x$
$\qquad\qquad = e^{-at}(\cos x - a\sin x)$

**（d） 商の導関数**

$$\left\{\frac{f(x)}{g(x)}\right\}' = \frac{f'(x)g(x) - f(x)g'(x)}{\{g(x)\}^2} \tag{2・35}$$

［例］ $y = \tan x$ の導関数を求めよ．

$$\frac{d\tan x}{dx} = \frac{d\left(\frac{\sin x}{\cos x}\right)}{dx}$$

$$= \frac{(\sin x)'\cos x - \sin x(\cos x)'}{\cos^2 x}$$

$$= \frac{\cos x\cos x + \sin x\sin x}{\cos^2 x}$$

$$= \frac{1}{\cos^2 x}$$

(e) 合成関数の微分

$x$ の関数 $t=f(x)$, $t$ の関数 $y=g(t)$ のとき, $y$ は $x$ の合成関数という. すなわち,

$$y = g(f(x)) \tag{2・36}$$

である. $y$ の $x$ に関する微分は

$$\frac{dy}{dx} = \left(\frac{dy}{dt}\right)\left(\frac{dt}{dx}\right) \tag{2・37}$$

[例] $y=(ax^2+b)^3$ の導関数を求めよ.

$$y = t^3, \quad t = ax^2 + b$$

$$\frac{dy}{dx} = 3(ax^2+b)^2 2ax$$

$$= 6ax(ax^2+b)^2$$

(f) 助変数による導関数の求め方

変数 $x$, $y$ がそれぞれ $t$ の関数であるとき, すなわち,

$$x = f(t), \quad y = g(t)$$

とするとき,

$$\frac{dy}{dx} = \frac{dy/dt}{dx/dt}$$

$$= \frac{g'(t)}{f'(t)} \tag{2・38}$$

である.

[例] 円周上の1点の座標を $x=a\cos t$, $y=a\sin t$ とする.

$$\frac{dy}{dx} = \frac{\cos t}{-\sin t} = -\cot t$$

### (4) 導関数の応用
### (a) 関数の極大, 極小

$x$ の関数 $y=f(x)$ において, $x$ が増加したとき $y$ が増加する場合, その微係数は正である. 反対に, $x$ が増加したとき $y$ が減少するときは, 微係数は負となる. $y$ が連続な関数であれば, 増加から減少に転ずるとき, 反対に減少から増加に変わるとき, その導関数は零となる. このようなとき, 関数 $y$ は極値をとるという. すなわち, 関数 $y=f(x)$ が極値をとる条件は

$$\frac{dy}{dx}=0 \tag{2・39}$$

である. すなわち, その傾きが零であるとき, 関数は極大または極小である.

そこで, 極大と極小を区別するにどうするか考える. 関数が極大を示す場合は, 変数 $x$ の増加に対して, その導関数は極大値までは正で減少し, 極大値以降は正から負に転ずるので, 導関数は減少関数である. すなわち, 導関数の導関数, 2次導関数は負である. 反対に, 関数が極小をとるとき, 変数 $x$ の増加に対して, その導関数は極小値までは負で増加し, 極小値以降は負から正に転ずるので, 導関数は増加関数である. すなわち, 2次導関数は正である. このように, 関数の導関数, 2次導関数を調べることにより, 関数の極大, 極小を区別することができる.

以上をまとめる. $x$ の関数 $y=f(x)$ が極値をとる条件は

$$\frac{dy}{dx}=0 \tag{2・40}$$

であり,

$$\frac{d^2y}{dx^2}>0 \text{ のとき } y \text{ は極小値をとり} \tag{2・41}$$

$$\frac{d^2y}{dx^2}<0 \text{ のとき } y \text{ は極大値をとり} \tag{2・42}$$

$$\frac{d^2y}{dx^2}=0 \text{ のとき } y \text{ は変曲点となる.} \tag{2・43}$$

【例題 2・2】 次の関数の極大, 極小を調べよ.
 (1) $y=2x^2+4x-1$  (2) $y=x^3-3x+1$

【解】 (1) $y'=4x+4$　　$y''=4$
　　　　　$y'=0$ のとき　$x=-1$
よって, $x=-1$ において極小値(最小値)$-1$ をとる.

(2) $y' = 3x^2 - 3$　　$y'' = 6x$
　　　$y' = 0$ のとき　$x = \pm 1$
よって，$x = -1$ において極大値 $+3$，$x = 1$ において極小値 $-1$ をとる．

## (b) 仮想変位法

　物理現象や，社会システムの中には，導関数を用いてその特性を数式化できるケースが多い．3次元空間中を移動する物体の運動エネルギーと物体に働く力の間にも，導関数で表される関係がある．力 $F$ [N] をくわえ，物体を距離 $\varDelta x$ [m] を移動させるとき，必要な運動エネルギー $\varDelta W$ [J] は，

$$\varDelta W = F \varDelta x \tag{2・44}$$

であり，$\varDelta x$ をごく微小にとると，

$$F = \frac{dW}{dx} \tag{2・45}$$

である．エネルギーが $W$ の平衡状態にある物体に，ごく微小な変位 $\varDelta x$ を強制的に与えたとき，エネルギーが $\varDelta W$ だけ変化する．そのとき物体の受ける力 $F$ は $W$ の $x$ に関する導関数である．この方法を，仮想変位法とよぶ．

## (c) 反応速度

　化学反応においても導関数をもちいて現象が説明できる．例えば，酸素分子 $O_2$ と酸素原子 $O$ が結合してオゾン $O_3$ を形成する反応を考えてみる．反応式は

$$O_2 + O \Rightarrow O_3 \tag{2・46}$$

である．この反応でオゾンが増加する速さは，酸素原子と酸素分子の積に比例する．その理由は，反応を起こすためには，まず粒子同士が出会うことが必要で，その確率は粒子数に依存するからである．よって，式であらわせば

$$\frac{d[O_3]}{dt} = k[O_2]\cdot[O] \tag{2・47}$$

である．左辺はオゾンの増加する速度であり，オゾン濃度の導関数である．反応が進行するにつれて，$O_2$，$O$ とも減少するが，酸素分子と酸素原子の比率は通常の条件下では酸素分子が極めて多く，一定と考えても差し支えない．したがって，オゾンの生成される速さは酸素原子の濃度に比例する．$k$ は比例定数であり，反応速度定数とよばれている．

## (5) 多変数関数の微分 —偏微分—

　この節までの説明において，$y=f(x)$ のように，独立変数が一つの例を取り上げてきた．しかしながら，現実に取り扱わなければならない物理量は，幾つかの変化する要因の組み合わせで変化する．例えば，自動車の騒音を取り上げてみよう．騒音は，車の種類，台数，道路状態，距離，部屋の構造などにより変わる．さらに，騒音を受ける人の肉体的，精神的状態によっても，その影響の受け取り方が変わる．騒音を科学的に分析するためには，大きさ，音色，継続時間などを数式化することが必要となる．音の大きさは，音源の大きさ，音源からの距離，風の方向などの多変数の関数であり，

$$y = f(x_1, x_2, \cdots, x_n) \tag{2・48}$$

と表す．$y$ を $n$ 個の独立変数 $x_1, x_2, \cdots, x_n$ の関数という．

　次に，多変数関数の微分を考える．$n$ 個の独立変数 $x_1, x_2, \cdots, x_n$ のうち，一つの変数 $x_1$ の微小変化 $\Delta x_1$ に対して $y$ の変化が $\Delta y$ とする．このとき，他の変数は変化しないものとする．

$$\lim_{\Delta x_1 \to 0} \frac{\Delta y}{\Delta x_1} \tag{2・49}$$

を，$y$ の $x_1$ に対する偏導関数，または偏微分という．そして，

$$\frac{\partial y}{\partial x_1} = y_{x_1} \tag{2・50}$$

と表す．同様に，$y$ の $x_i$ に対する偏導関数，または偏微分も定義できる．

$$\frac{\partial y}{\partial x_i} = y_{x_i} \quad i = 1, 2, \cdots, n \tag{2・51}$$

さらに，通常の導関数と同様，2 次偏導関数，高次（$n$ 次）偏導関数が定義できる．

$$\frac{\partial y_{x_i}}{\partial x_j} = \frac{\partial^2 y}{\partial x_i \partial x_j} = y_{x_{i,j}} \quad i, j = 1, 2, \cdots, n$$

$$\frac{\partial^n y}{\partial x_i \cdots \partial x_j} = y_{x_{i \cdots j}} \tag{2・52}$$

**【例題 2・3】** 2 次関数 $y=f(x)=ax^2+bx+c$ がある．これをあるデータ列に当てはめたいとき，係数 $a, b, c$ を求める式を例題 1・1 にならって作れ．

**【解】** $\varepsilon_i = y_i - (ax_i^2 + bx_i + c)$

$s = \sum_{i=1}^{n}(y_i - ax_i^2 - bx_i - c)^2$

である．偏微分して，

$$\frac{\partial s}{\partial a} = \sum_{i=1}^{n} 2(-x_i^2)(y_i - ax_i^2 - bx_i - c)$$

$$= 2\sum_{i=1}^{n}(x_i^4 a + x_i^3 b + x_i^2 c - x_i^2 y_i) = 0$$

$$\frac{\partial s}{\partial b} = \sum_{i=1}^{n} 2(-x_i)(y_i - ax_i^2 - bx_i - c)$$

$$= 2\sum_{i=1}^{n}(x_i^3 a + x_i^2 b + x_i c - x_i y_i) = 0$$

$$\frac{\partial s}{\partial c} = \sum_{i=1}^{n} 2(-1)(y_i - ax_i^2 - bx_i - c) = 2\sum_{i=1}^{n}(x_i^2 a + x_i b + c - y_i) = 0$$

よって解くべき連立方程式は以下の通り．

$$\begin{bmatrix} \sum_{i=1}^{n} x_i^4 & \sum_{i=1}^{n} x_i^3 & \sum_{i=1}^{n} x_i^2 \\ \sum_{i=1}^{n} x_i^3 & \sum_{i=1}^{n} x_i^2 & \sum_{i=1}^{n} x_i \\ \sum_{i=1}^{n} x_i^2 & \sum_{i=1}^{n} x_i & \sum_{i=1}^{n} 1 \end{bmatrix} \begin{bmatrix} a \\ b \\ c \end{bmatrix} = \begin{bmatrix} \sum_{i=1}^{n} x_i^2 y_i \\ \sum_{i=1}^{n} x_i y_i \\ \sum_{i=1}^{n} y_i \end{bmatrix}$$

一般に，これは $m$ 次多項式に拡張可能である．回帰式を

$$y = f(x) = a_0 + a_1 x + a_2 x^2 + \cdots + a_m x^m$$

とすると，解くべき $(m+1)$ 元連立方程式は

$$\begin{bmatrix} \sum_{i=1}^{n} x_i^{2m} & \sum_{i=1}^{n} x_i^{2m-1} & \cdots & \sum_{i=1}^{n} x_i^{m+1} & \sum_{i=1}^{n} x_i^{m} \\ \sum_{i=1}^{n} x_i^{2m-1} & \ddots & & \sum_{i=1}^{n} x_i^{m} & \sum_{i=1}^{n} x_i^{m-1} \\ \vdots & & \sum_{i=1}^{n} x_i^{m} & & \vdots \\ \sum_{i=1}^{n} x_i^{m+1} & \sum_{i=1}^{n} x_i^{m} & & \ddots & \sum_{i=1}^{n} x_i \\ \sum_{i=1}^{n} x_i^{m} & \sum_{i=1}^{n} x_i^{m-1} & \cdots & \sum_{i=1}^{n} x_i & \sum_{i=1}^{n} 1 \end{bmatrix} \begin{bmatrix} a_m \\ \vdots \\ a_2 \\ a_1 \\ a_0 \end{bmatrix} = \begin{bmatrix} \sum_{i=1}^{n} x_i^{m} y_i \\ \vdots \\ \sum_{i=1}^{n} x_i^{2} y_i \\ \sum_{i=1}^{n} x_i y_i \\ \sum_{i=1}^{n} y_i \end{bmatrix}$$

となることは容易に想像できよう．

【例題 2・4】 図 2・6 に示すように，断面積一様なパイプ中を，一定速度 $v$ で流れる流体の温度特性を，偏導関数を用いて表せ．

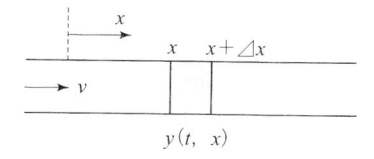

図 2・6 流体の流れるパイプ

**【解】** パイプ中の流体の温度 $y$ は時間 $t$ と位置 $x$ の関数であり，断面方向には一定であるとする．すなわち，
$$y(t, \ x)$$
と表せる．時刻 $t$ において位置 $x$ の断面と，$x+\Delta x$ の断面とで挟まれた部分を考慮する．時刻 $t$ において位置 $x$ にあった流体は，$\Delta t$ 時間後には $x+\Delta x$ の位置にある．$x+\Delta x$ の位置での温度は，$y(t+\Delta t, \ x+\Delta x)$ であり，パイプから外部には熱の出入りがないものとすると，
$$y(t + \Delta t, \ x + \Delta x) - y(t, \ x) = 0$$
$$y_t \Delta t + y_x \Delta x = 0$$
$\Delta x/\Delta t = v$ であるから，
$$\frac{\partial y}{\partial t} + v\frac{\partial y}{\partial x} = 0$$
となる．パイプ中の温度は導関数の和で表される．自動車のラジエタや，家庭用の瞬間湯沸かし器などは熱交換器の典型であり，パイプから熱の出入りがある．この場合，右辺が 0 でなくなる．右辺が "＋" の場合は，パイプ中で温度が高くなり，逆に "－" の場合はパイプ中で温度が下がる．

## 2・4 いろいろな積分

### (1) 定積分と不定積分

関数 $f(x)(>0)$, $x$ 軸，2 直線 $x=a$，および $x=b \ (a<b)$ とによって囲まれた図形の面積を求める．$f(x)$ は閉区間 $[a, \ b]$ で連続とする．

まず，区間 $[a, \ b]$ を $n$ 等分し，その分点を

$$x_0 = a$$
$$x_1 = a + \frac{b-a}{n} \tag{2・53}$$
$$\vdots$$
$$x_i = a + \frac{(b-a)i}{n}$$
$$\vdots$$
$$x_n = b \tag{2・54}$$

とする．図 2・7 に示すような階段状の図形の面積は，$n$ 個の長方形の面積の和

$$f(x_1)(x_1-x_0) + \cdots + f(x_n)(x_n-x_{n-1})$$
$$= \sum_{i=1}^{n} f(x_i)(x_i-x_{i-1}) \tag{2・55}$$

として表される．そして，$n \Rightarrow \infty$ としたときの極限が，その図形の面積 $S$ で

図2・7 定 積 分

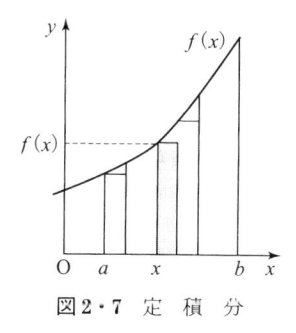

あるから，

$$S = \lim_{n\to\infty}\sum_{i=1}^{n} f(x_i)(x_i - x_{i-1}) = \int_a^b f(x)dx \tag{2・56}$$

である．$\int_a^b f(x)dx$ を関数 $f(x)$ の区間 $[a, b]$ における定積分という．$a$, $b$ を定積分の下端，上端とよぶ．この定積分の値はつぎのように求めることができる．

$$\int_a^b f(x)dx = [G(x)]_a^b = G(b) - G(a) \tag{2・57}$$

ここで，$G(x)$ は $f(x)$ の原始関数とよばれ，$G(x)$ を微分すると $f(x)$ になる関数である．$G(x)$ を求めることを，$f(x)$ を $x$ で不定積分するという．$x$ を積分変数という．$G(x)$ を不定積分ともいう．言い換えれば，関数 $f(x)$ の積分を求める問題は，$f(x)$ の原始関数（微分すれば $f(x)$ になる関数）を求めることにある．例えば，$x^3$ を $x$ で微分すれば，$3x^2$ になる．ゆえに $x^3$ は $3x^2$ の原始関数ということになる．

この不定積分，すなわち原始関数は一意には決まらない．例えば，$x^3+3$，あるいは，$x^3-10$ も微分すれば，いずれも $3x^2$ になる．つまり，定数 $C$ が加わった

$$x^3 + C \tag{2・58}$$

が原始関数である．$C$ は積分定数と呼ばれる．

$f(x)$ の不定積分を，

$$\int f(x)dx = G(x) + C \tag{2・59}$$

で表す．積分においては，$C$ は省略されることが多い．

微分の公式から，よく利用される関数の不定積分は簡単に求めることができ

る．

$$\int x^n dx = \frac{1}{(n+1)} x^{n+1} \quad (n \neq -1) \tag{2・60}$$

$$\int e^x dx = e^x \tag{2・61}$$

$$\int \left(\frac{1}{x}\right) dx = \ln|x| \tag{2・62}$$

$$\int \sin x dx = -\cos x \tag{2・63}$$

$$\int \cos x dx = \sin x \tag{2・64}$$

関数の和や差，関数の定数倍の積分は，それぞれの関数の和，差で求めることができ，

$$\int \{f(x) \pm g(x)\} dx = \int f(x) dx \pm \int g(x) dx \tag{2・65}$$

$$\int a\{f(x)\} dx = a \int f(x) dx \tag{2・66}$$

が得られる．この場合も積分定数が加わるが，公式では積分定数を省略して示されることがある．

### （2） 定積分の応用

図2・8に示すように，ある速度 $v(t)$ で運動している物体が時刻 $t_1$ に点aにあって，その後時刻 $t_2$ に点bに達したとする．速度が時刻ごとに変わったとしても微少時間の間なら等速運動をしているとみなすことができるから，図2・9のように，区間ごとに移動した距離 $L_i$ を足し合わせることによって，全移動距離 $L$ を求めることができる．

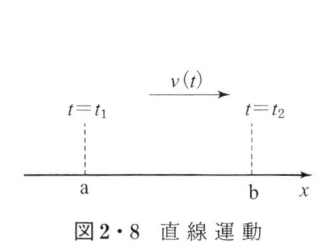

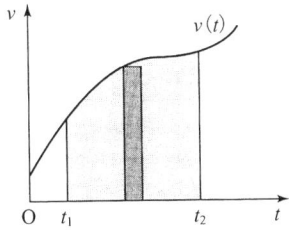

図2・8 直線運動　　　図2・9 移動距離

$$\Delta L_i = v_i t_1 \tag{2・67}$$

$$L = \sum_{i=1}^{N} L_i = \sum_{i=1}^{N}(v_i t_i) \tag{2・68}$$

区分を等しく取るならば

$$L = \sum \{v_i(t)\}\Delta t \tag{2・69}$$

これを積分記号で表せば

$$L = \int v(t)dt \tag{2・70}$$

であり，原始関数を $F(t)$ とすると

$$L = F(t_2) - F(t_1) \tag{2・71}$$

である．第1項の積分定数は，第2項の定数とおなじなので差し引き0になる．

　物理現象の一般論では，状態変数の変化率に焦点をあて考え方を進めて行く場合が多いが，状態変数は，積分開始の点（下端）と終わりの点（上端）を定め，定積分により求められる．そこに，定積分の重要な意味がある．

**（3）部分積分法**

$f(x), g(x)$ が，連続な導関数を持つとする．

$$\int f'(x)g(x)dx = f(x)g(x) - \int f(x)g'(x)dx \tag{2・72}$$

$$\int f(x)g'(x)dx = f(x)g(x) - \int f'(x)g(x)dx \tag{2・73}$$

この2式を，部分積分とよび，関数の積の積分を求めるときによく用いられる．

**【例題 2・5】** つぎの関数を積分せよ

(1) $\ln x$ 　　(2) $x \ln x$

**【解】** (1) $\int \ln x \, dx = \int (x)' \ln x \, dx = x \ln x - \int x (\ln x)' dx$

$= x \ln x - \int x \left(\dfrac{1}{x}\right) dx = x \ln x - x$

(2) $\int x \ln x \, dx = \int \left(\dfrac{x^2}{2}\right)' \ln x \, dx = \left(\dfrac{x^2}{2}\right) \ln x - \int \left(\dfrac{x^2}{2}\right)(\ln x)' dx$

$= \left(\dfrac{x^2}{2}\right) \ln x - \int \left(\dfrac{x^2}{2}\right)\left(\dfrac{1}{x}\right) dx = \left(\dfrac{x^2}{2}\right) \ln x - \left(\dfrac{x^2}{4}\right)$

## (4) 置換積分

ある関数を，別の変数に置き換えると，不定積分が簡単に求められることがある．また，積分変数 $x$ を別の関数に置き換えると同様なことがある．このような積分法を置換積分法という．

（1） $x=g(t)$ とおく．このとき次式が成り立つ

$$\int f(x)dx = \int f(g(t))g'(t)dt \tag{2・74}$$

（2） $t=g(x)$ とおく．このとき次式が成り立つ

$$\int f(g(x))g'(x)dx = \int f(t)dt \tag{2・75}$$

【例題 2・6】 つぎの関数を積分せよ

(1) $(4x+3)^5$  (2) $\tan x$
(3) $1/(1+e^x)$  (4) $x\sqrt{1-x}$

【解】 (1) $4x+3=t$ とおく．$dt=4dx$

$$\int (4x+3)^5 dx = \int t^5 \left(\frac{1}{4}\right) dt = \left(\frac{1}{24}\right) t^6 = \left(\frac{1}{24}\right)(4x+3)^6$$

(2) $\cos x=t$ とおく．$-\sin x dx = dt$　ゆえに

$$\int \tan x dx = \int \left(\frac{\sin x}{\cos x}\right) dx = \int -\left(\frac{1}{t}\right) dt$$
$$= -\ln|t| = -\ln|\cos x|$$

(3) $e^x=t$ とおく．$x=\ln t$ と書き換えられるので，

$$\frac{dx}{dt} = \frac{1}{t}, \quad dx = \left(\frac{1}{t}\right) dt$$

$$\int \left\{\frac{1}{1+e^x}\right\} dx = \int \left\{\frac{1}{1+t}\right\}\left(\frac{1}{t}\right) dt$$
$$= \int \left\{\frac{1/t-1}{1+t}\right\} dt$$
$$= \ln t - \ln|1+t|$$
$$= x - \ln|1+e^x|$$

(4) $1-x=t$ とおく．$-dx=dt$

$$\int x\sqrt{1-x}\,dx = -\int(1-t)\sqrt{t}\,dt = -\int(t^{1/2}-t^{3/2})dt$$
$$= \frac{2}{5}t^{5/2} - \frac{2}{3}t^{3/2}$$
$$= \frac{2}{15}t^{1/2}(3t^2-5t)$$
$$= \frac{2}{15}\sqrt{1-x}(3x^2-x-2)$$

## （5） 積 分 公 式

電気電子情報工学分野でよく利用される積分公式を列挙する．証明は省略する．また，積分定数は省いた．

(1) $\int x^{\alpha} dx = \dfrac{1}{\alpha+1} x^{\alpha+1} \qquad \alpha \neq 1,\ x > 0$ （2・76）

(2) $\int \dfrac{1}{x-a} dx = \ln|x-a| \qquad x-a \neq 0$ （2・77）

(3) $\int \dfrac{1}{\sqrt{a^2-x^2}} dx = \sin^{-1}\dfrac{x}{a} \qquad a > 0$ （2・78）

(4) $\int \dfrac{1}{a^2+x^2} dx = \dfrac{1}{a}\tan^{-1}\dfrac{x}{a} \qquad a > 0$ （2・79）

(5) $\int \sqrt{a^2-x^2}\, dx = \left(\dfrac{1}{2}\right)\left\{x\sqrt{a^2-x^2} + a^2\sin^{-1}\dfrac{x}{a}\right\} \qquad a > 0$ （2・80）

(6) $\int \dfrac{f'(x)}{f(x)} dx = \ln|f(x)|$ （2・81）

**【例題 2・7】** 楕円の面積を求めよ．

**【解】** 楕円の方程式は
$$\left(\dfrac{x}{a}\right)^2 + \left(\dfrac{y}{b}\right)^2 = 1$$
であるから，これを $y$ について解く．

$$y = \pm \left(\dfrac{b}{a}\right)\sqrt{a^2-x^2} \tag{2・82}$$

$$\begin{aligned}
S &= 2\int_{-a}^{a} \left(\dfrac{b}{a}\right)\sqrt{a^2-x^2}\, dx \\
&= \left(\dfrac{b}{a}\right)\left[\left(\dfrac{1}{2}\right)\left(\sqrt{a^2-x^2} + a^2\sin^{-1}\dfrac{x}{a}\right)\right]_{-a}^{a} = ab\left(\dfrac{\pi}{2} - \left(-\dfrac{\pi}{2}\right)\right) \\
&= \pi ab
\end{aligned} \tag{2・83}$$

## （6） 2 重 積 分

$x$-$y$ 平面直交座標系において，図形の面積を求めるときには，積分を用いた．$xyz$ の 3 次元空間直交座標系において，立体の体積を求めることを考える．

図 2・10 に示すように，立体の体積を求めるには，$x$-$y$ 平面上の微小面積 $\varDelta S$ とその面積の $z$ 座標の積からなる微小体積

$$\varDelta V_i = z_i(x_i,\ y_i) \times \varDelta S \tag{2・84}$$

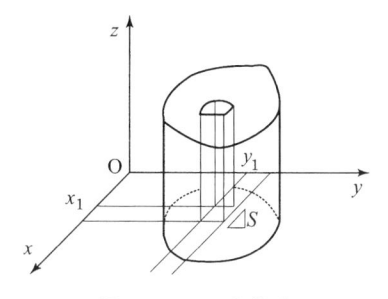

図2・10 二重積分

を考え，その微小体積を加えあわせることが必要である．式で表せば，
$$V = \sum \Delta V_i = \sum z_i(x_i, y_i) \Delta x \Delta y \tag{2・85}$$
積分の形で表せば，
$$V = \iint_D z(x, y) dx dy \tag{2・86}$$
である．これは $x$ について積分した後，$y$ についてもう一度積分することを意味している．これを，2重積分という．積分の範囲は，$x$ については
$$a \leq x \leq b \tag{2・87}$$
$y$ については
$$c \leq y \leq d \tag{2・88}$$
であり，この範囲を $D$ で表し，積分記号の中に書き入れる．

【例題2・8】 半径 $a$ [m] の球の体積を求めよ．
【解】 球の方程式を直交座標系であらわすと
$$x^2 + y^2 + z^2 = a^2$$
である．$z=0$ の $x$-$y$ 平面を図2・11に示し，微小面積 $\Delta s$ 上に $z$ 方向に作る角柱の

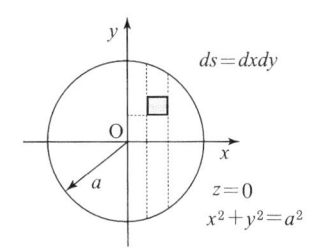

図2・11 球の体積

体積を求める．角柱の高さ $h$ は
$$h = 2\sqrt{a^2 - x^2 - y^2}$$
であるから，細い角柱の体積 $dv$ は
$$dv = hds = 2\sqrt{a^2 - x^2 - y^2}\, dydx$$
である．これを，
$$-\sqrt{a^2 - x^2 - y^2} \leqq y \leqq \sqrt{a^2 - x^2 - y^2}$$
$$-a \leqq x \leqq a$$
の範囲 $D$ で積分する．よって球の体積は次式の積分を実行すれば求まる．
$$V = \iint_D 2\sqrt{a^2 - x^2 - y^2}\, dydx$$
$$= \left(\frac{4}{3}\right)\pi a^3$$

## 2・5 物理現象と微分方程式

自然現象を解析する目的で現象を数式により表現することがしばしば行われる．これを数式化という．一般的に，自然現象は時間とともにあるいは場所によって変化する．その変化が何らかの法則性を持っているならば，式による表現が可能である．

例えば，平面上を転がっているボールは摩擦があるため，遅かれ早かれいずれ停止する．速度の変化は摩擦に依存している．また電池に蓄えられている電気量は，使わなくとも自然に放電して，やがてなくなる．電流を流せば，より早くなくなる．灯台の光は，近くでは明るいが，遠くに行けば光は弱くなる．これらの現象を説明する法則はほとんど解明されている．

ゴム紐に物体を吊るし，下方に引いて手を放せば上下に振動しながら，やがて停止する．海岸に打ち寄せる波は上下に振動しながら，往復運動をしている．

このように自然界には，いろいろなタイプの現象が存在するが，その多くは高次の導関数を含む微分方程式で表すことができる．短い時間，あるいは短い距離での状態を数式化し，微分方程式を解くことにより，全体の状態を把握することができることが多い．

（1） 変化率に比例した現象

自然界には，変化の割合に比例して減少し，または発生すると考えると実際の現象を表現できる場合が多い．それは現象を示す量 $A$ が，ある因子の変化

率に比例して生じる場合であり，

$$A \propto \frac{dy}{dx} \tag{2・89}$$

と数式化される．2，3の例を次に説明する．

**（a） 摩　　擦**

　平面上で直線的に移動している物体の速度の変化を考える．物体の速度は外部から力を受けない限り変化しない．転がっているボールの速度が減少し，やがて停止するということは，何らかの力がボールに働いているからである．その力は，物体に働く摩擦力であることがわかっている．この摩擦力とは，物体と流体の摩擦により発生し，運動する物体の運動を妨げる方向に働く．経験によれば，速度が大きくなれば摩擦力は速度に比例して大きくなる．すなわち，

$$f = -kv \tag{2・90}$$

である．ここで，$f$ は物体に働く摩擦力，$v$ は物体の速度であり，$k$ は比例定数である．ニュートンの運動方程式によれば，速度の変化率は物体に働く力の総和に比例するから，

$$m\frac{dv}{dt} = f = -kv \tag{2・91}$$

と微分方程式で表される．

**（b） キャリア数の減少**

　半導体中を流れる電流は，負の電荷を持った電子と，正電荷を持つホールによって運ばれる．電子とホールはキャリア（荷電担体）とよばれている．ほとんどの場合，正負どちらかのキャリアが非常に多い．ホールが多い場合にはp型半導体，電子が多い場合にはn型半導体という．半導体に電界を加えないときは，電子とホールがバランスした状態で存在し，そのときの電子，ホールの密度をそれぞれ，$n_0$，$p_0$ とする．

　考察を簡単にするため，$p_0 \gg n_0$ の場合を考える．平衡している状態で，電気的信号を加えて電流を流すとき，負電荷を持つ電子を瞬間的に $\Delta n$ だけ増やしたとする．その後，時間の経過とともに再びバランスのとれた状態に戻る．このことは，余分の負電荷の電子が正電荷のホールと結合して電気的に中和することを意味している．中和するキャリアの数は，$n$ と $p$ の積に比例すると考える．すなわち，

$$-\frac{dn}{dt} = k(n_0 + \Delta n)(p_0 + \Delta p) \tag{2・92}$$

である．$p_0 \gg n_0$ としているので，$p$ の変化分は無視できる．よって
$$(p_0 + \Delta p) \fallingdotseq p = p_0, \quad (n_0 + \Delta n) = n \tag{2・93}$$
であるから
$$-\frac{dn}{dt} = knp \tag{2・94}$$
と，前例と同じ形をした微分方程式となる．

### （c） 電気回路

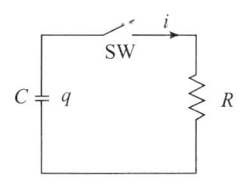

**図 2・12** 電荷の放電

図 2・12 に示すように，電荷量 $q_0$ [C] が蓄えられている静電容量 $C$ [F] のキャパシタ（通称コンデンサ）に $R$ [Ω] の電気抵抗を接続し，スイッチを入れた後，回路を流れる電流 $i$ [A]，またはキャパシタの端子電圧 $v$ [V] を求める．電流の定義は，単位時間に断面を通過する電荷量であるから，
$$i = \frac{dq}{dt} \tag{2・95}$$
と求められる．キャパシタの端子電圧は
$$v = \frac{q}{C} \tag{2・96}$$
と求められるので，
$$\frac{dv}{dt} = \frac{dq/dt}{C} = \frac{i}{C}$$
$$= \frac{v}{RC} \tag{2・97}$$
の微分方程式が得られる．

### （2） 2次導関数に比例した現象

次に，2次導関数に比例した現象を考える．例えば，直線的に移動する物体の加速度は，速度の変化率，すなわち位置の2次導関数である．ニュートンの運動方程式によれば，それは物体に加えられた力に比例することが確かめられている．すなわち，物体の質量を $M$，物体の位置を $x$，そして，物体に加わ

る力を $F$ とすると

$$M\frac{d^2x}{dt^2} = F \tag{2・98}$$

と表される．物体に加わる力は，物体に強制的に加える加速力，減速力，物体の移動方向と反対に働く摩擦力などである．天井から吊り下げられたバネにつながれた物体には，バネを復元しようとする力が働く．摩擦力は $-Bdx/dt$，バネの復元力は $-Kx$ であることはすでに説明した．これらが線形の関係にあるときは

$$M\frac{d^2x}{dt^2} = -B\frac{dx}{dt} - Kx + f \tag{2・99}$$

と表される．このように2次導関数を含む微分方程式を，2階の微分方程式という．

## 2・6　微分方程式の解法

本節では，電気電子工学でよく取り扱う，線形定係数常微分方程式，および電磁波の進行を考慮した簡単な偏微分方程式の解法を考える．一般に $n$ 階の線形定係数常微分方程式は，

$$\frac{d^n x}{dt^n} + a_{n-1}\frac{d^{n-1}x}{dt^{n-1}} + \cdots + a_1\frac{dx}{dt} + a_0 x = f \tag{2・100}$$

と表される．$x$ は状態変数，その $i$ 次導関数が $d^i x/dt^i$，$a_i$ は定係数である．右辺の $f$ は強制入力信号である．初期条件は，

$$x(0) = x_0 \quad x^{(i)}(0) = 0 \quad \text{ただし,} \quad i=1, \cdots, n-1 \tag{2・101}$$

とする．$f=0$ の場合を同次方程式，または斉次方程式とよび，$f\neq 0$ の場合を非同次方程式，または非斉次方程式とよぶ．式(2・100)の一般解は，同次方程式の一般解と非同次方程式の特別解の和で表される．同次方程式の一般解を過渡解，非同次方程式の特別解を定常解ともいう．過渡解は，方程式の係数 $a_i$ により2種類の形をとる．演算子 $s$ を

$$s = \frac{d}{dt}, \; s^2 = \frac{d^2}{dt^2}, \; \cdots \tag{2・102}$$

と置くと，同次方程式は

$$(s^n + a_{n-1}s^{n-1} + \cdots + a_1 s + a_0)x = 0 \tag{2・103}$$

と書き換えられる．

$$s^n + a_{n-1}s^{n-1} + \cdots + a_1 s + a_0 = 0 \tag{2・104}$$

を，特性方程式とよぶ．この特性方程式は $n$ 個の根を持つ．特性方程式が実根 $\rho$ を持つとき，過渡解は

$$Ae^{\rho t} \tag{2・105}$$

の項を含む．複素根 $\sigma \pm j\omega$ を持つときには，

$$e^{\sigma t}(A\cos\omega t + B\sin\omega t) \tag{2・106}$$

の項を持つ．$A$，$B$ は初期条件により決まる．

一方，定常解は，$f$ と $\alpha_0$ とにより決まる．$f$ が定数の場合には，

$$\frac{f}{\alpha_0} \tag{2・107}$$

の定常解を，正弦波 $\sin\omega t$ のときは，

$$K\sin(\omega t + \phi) \tag{2・108}$$

の定常解を持つ．$K$，および $\phi$ は微分方程式により決まる．

### （1） 1階常微分方程式
### （a） 自由応答系

強制項の存在しない系を自由応答系という．この系の時間応答は初期条件によってのみ決まる．

$$\frac{dx}{dt} + \alpha x = 0 \tag{2・109}$$

初期条件を，$x(0)=x_0$ とする．この1階常微分方程式は次式のように変数が分離でき，いわゆる変数分離という方法で簡単に解くことができる．

$$\frac{dx}{x} = -\alpha dt \tag{2・110}$$

積分して，

$$\log x = -\alpha t + C \tag{2・111}$$

$$x = Ae^{-\alpha t} \tag{2・112}$$

初期条件を代入すると，

$$x = x_0 e^{-\alpha t} \tag{2・113}$$

が求まる．式 (2・109) の特性方程式は

$$s + \alpha = 0 \tag{2・114}$$

であるから，根は，$s = -\alpha$ と求められ，式 (2・109) の解が得られる．

自由応答系は，キャパシタに貯えられた電荷が抵抗を通して流れ，減少していく様子を表している．その他，自然界には多くの現象が見られる．

**（b） 一定の強制入力信号のある系**

次に，一定の強制入力のある場合を考える．微分方程式は

$$\frac{dx}{dt} + \alpha x = f \tag{2・115}$$

初期条件を，$x(0)=x_0$ とする．特性方程式の根は $-\alpha$ であるから，同次方程式の一般解は，

$$x = Ae^{-\alpha t} \tag{2・116}$$

である．一方，非同次方程式の特別解は

$$x = \frac{f}{\alpha} \tag{2・117}$$

であるから，解は

$$x = \frac{f}{\alpha} + Ae^{-\alpha t} \tag{2・118}$$

初期条件を代入して

$$A = x_0 - \frac{f}{\alpha} \tag{2・119}$$

が得られ，解は

$$\begin{aligned} x &= \frac{f}{\alpha} + \left(x_0 - \frac{f}{\alpha}\right)e^{-\alpha t} \\ &= \frac{f}{\alpha}(1 - e^{-\alpha t}) + x_0 e^{-\alpha t} \end{aligned} \tag{2・120}$$

となる．直流電圧源から抵抗を介して，キャパシタに充電すると，キャパシタの電圧が時間とともに増加している様子はこの例である．

**（c） 交流強制入力信号のある系**

次に，正弦波の強制入力のある場合を考える．微分方程式は

$$\frac{dx}{dt} + \alpha x = F\sin\omega t \tag{2・121}$$

初期条件を，$x(0)=x_0$ とする．特性方程式の根は $-\alpha$ であるから，同次方程式の一般解は，

$$x_t = Ae^{-\alpha t} \tag{2・122}$$

である．一方，非同次方程式の特別解は

$$x_s = G\sin(\omega t + \phi) \tag{2・123}$$

とおくと，解は

$$x = G\sin(\omega t + \phi) + Ae^{-\alpha t} \tag{2・124}$$

初期条件を代入して
$$A = x_0 - G\sin(\phi) \tag{2・125}$$
が得られ，解は
$$x = G\sin(\omega t + \phi)+(x_0 - G\sin\phi)e^{-\alpha t} \tag{2・126}$$
となる．$G$，および $\phi$ は問題により変わる．

【例題2・9】 図2・13 に示す $R$-$L$ 直列回路において，回路を流れる電流の時間応答を求めよ．回路方程式を立てることにより，微分方程式を求め，その過渡現象を解け．ただし初期条件 $i(0)=0$ とする．

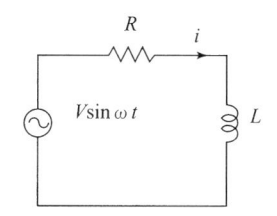

図2・13 $R$-$L$ 直線回路

【解】 回路方程式は
$$L\frac{di}{dt} + Ri = V\sin\omega t$$
である．
同次方程式の一般解（過渡解）は
$$i_t = Ae^{-(R/L)t}$$
であり，非同次方程式の特別解（定常解）は
$$i_s = I\sin(\omega t - \phi)$$
である．電流の振幅 $I$，および位相 $\phi$ は
$$I = \frac{V}{\sqrt{R^2 + (\omega L)^2}}, \quad \phi = \tan^{-1}\left(\frac{\omega L}{R}\right)$$
となる．初期条件を代入すると電流の解は
$$i = I\sin(\omega t - \phi) + I\sin\phi\, e^{-(R/L)t}$$
となる．

（2） 2階常微分方程式

つぎに2階の常微分方程式を解く．2階の常微分方程式は
$$a_2\frac{d^2x}{dt^2} + a_1\frac{dx}{dt} + a_0 x = f \tag{2・127}$$

と表される．初期値は，$x$ と $x$ の1次導関数について与えられる．

2階の場合にも，微分方程式の解は過渡解と定常解の和となる．定常解は1階の場合と同様になる．

過渡解は，係数 $a$ の値により，3種に分類される．特性方程式
$$a_2 s^2 + a_1 s + a_0 = 0 \tag{2・128}$$
の根は，実根と複素根があり，二つの実根を持つ場合，一つの実根（重根）を持つ場合，および二つの複素根（共役）を持つ場合がある．これらの場合により，過渡解の形が変わる．

**（a） 二つの実根を持つ場合**

特性方程式が二つの実根（$\lambda_1, \lambda_2$）を持つ場合には，過渡解の一般解は
$$x_t = A e^{\lambda_1 t} + B e^{\lambda_2 t} \tag{2・129}$$
となる．ここで，$A, B$ は初期条件により定まる定数である．

**（b） 一つの実根（重根）を持つ場合**

この場合には，過渡解の一般解は
$$x_t = A e^{\lambda t} + B t e^{\lambda t} \tag{2・130}$$
となる．ここで，$A, B$ は初期条件により定まる定数である．

**（c） 一組の共役複素根を持つ場合**

特性方程式が二つの共役複素根
$$\lambda_1 = \sigma + j\omega, \qquad \lambda_2 = \sigma - j\omega \tag{2・131}$$
を持つ場合には，過渡解の一般解は
$$x_t = e^{\sigma t}(A\cos\omega t + B\sin\omega t) \tag{2・132}$$
となる．ここで，$A, B$ はやはり初期条件により定まる定数である．

**（3） 高階の常微分方程式の解**

$n$ 階の線形定形数常微分方程式の解は，2階の場合を拡張することにより同様な手法で解くことができる．特性方程式
$$a_n s^n + \cdots + a_1 s + a_0 = 0 \tag{2・133}$$
の根は，実根と複素根があり，$n$ が奇数の場合一つ以上の実根を持つ．多重根を持つ場合，および偶数個の共役複素根を持つ場合などさまざまな場合が考えられるが，根の総数は $n$ 個である．定常解は前述の1階，および2階の常微分方程式と同様に求めることができる．過渡解は $n$ 個の項を持つが，特性方程式の根の形により，表2・2に示すような項を含む．

表 2・2 特性根の形と過渡解の項

| 特性根 | 過渡解の項 |
| --- | --- |
| 実根(単根) | $Ke^{\lambda t}$ |
| 実根(多重度 $m$) | $(C_0 + \cdots + C_{m-1}t^{m-1})e^{\lambda t}$ |
| 共役複素根(単根) | $e^{\sigma t}(A\cos\omega t + B\sin\omega t)$ |

係数 $A$, $B$, $C$, $K$ などは,定常解と初期条件とにより決まる.

【例題 2・10】 次の微分方程式を解け.

$$\frac{d^3x}{dt^3} + 6\frac{d^2x}{dt^2} + 11\frac{dx}{dt} + 6x = 0$$

初期条件　$x(0) = 1,\ \dfrac{dx(0)}{dt} = 0,\ \dfrac{d^2x(0)}{dt^2} = 0$

【解】 特性方程式は

$$s^3 + 6s^2 + 11s + 6 = 0 \quad 特性根 \quad -1,\ -2,\ -3$$

よって,一般解は

$$x = Ae^{-1t} + Be^{-2t} + Ce^{-3t}$$

初期条件を代入し,連立方程式を解くと,

$$A = 3,\ B = -3,\ C = 1$$

となり解が求まる.

$$x = 3e^{-1t} - 3e^{-2t} + 1e^{-3t}$$

（4） 進行波と微分方程式

（a） 移動する波を表す関数

海岸に打ち寄せてくる波を考える.海水はある位置で上下運動を繰り返しているのみであるが,図 2・14 に示すように,移動しているように見える.そこで波の頂点に着目し,頂点の移動速度を $c$ とする.任意の点において,ある時刻 $t$ における波の高さを $h$ とする.$h$ は

$$h = H\cos(\omega t + \phi) \tag{2・134}$$

と表すことができる.ここで,$\omega$ は角周波数,$\phi$ は $x=0$ における位相である.波の進行方向を $x$ の正の方向にとれば,波の進行を表す式は

$$h = H\cos(x - ct) \tag{2・135}$$

である.波は一定速度で,一定の方向に進むと仮定すると,$t=0$ において,位置 $x$ にあった波の頂点は,$\Delta t$ 秒後には $x + \Delta x$ の位置に移動している.したがって,

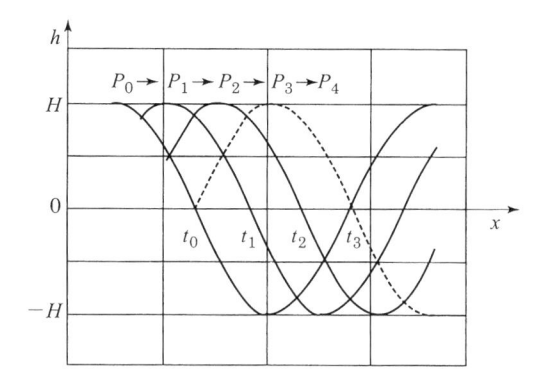

**図 2・14** 移動する波

$$\Delta x - c\Delta t = 2n\pi, \qquad n = 0,\ 1,\ 2,\ 3,\ \cdots \tag{2・136}$$

$$c = \frac{\Delta x}{\Delta t} \tag{2・137}$$

である．この移動は波の実体が移動するのではなく，高さの位置の動きを角度の移動として表現するとき，位相の移動する速度なので，位相速度とよぶ．一周期 $T$ の間に進む距離 $\lambda$ は

$$\lambda = cT \tag{2・138}$$

であり，これを波長とよぶ．

$h$ を $x$，および $t$ でそれぞれ2回偏微分すると

$$\frac{\partial^2 h}{\partial x^2} = -H\cos(x - ct) \tag{2・139}$$

$$\frac{\partial^2 h}{\partial t^2} = -c^2 H\cos(x - ct) \tag{2・140}$$

であるから，

$$c^2 \frac{\partial^2 h}{\partial x^2} = -\frac{\partial^2 h}{\partial t^2} \tag{2・141}$$

となる．この方程式は，振動しながら進行する波を取り扱う偏微分方程式であり，波動方程式とよぶ．

（**b**） **波動方程式**

前節では，振動しながら移動する現象から，偏微分方程式を導いたが，逆に，この波動方程式が振動を表す式であるかを確かめることにする．

電気現象のうち，通信線路や，長距離送電線などの伝送線路の方程式は

$$-\frac{\partial v}{\partial x} = L\frac{\partial i}{\partial t} \tag{2・142}$$

$$-\frac{\partial i}{\partial x} = C\frac{\partial v}{\partial t} \tag{2・143}$$

と表すことができる．ここで，$v$，および$i$は伝送線路における位置$x$の点での電圧，および電流であり，$L$，$C$は単位長さ当たりのインダクタンス，および静電容量という．式(2・142)で$i$を消去すると，

$$\frac{\partial^2 v}{\partial x^2} = LC\frac{\partial^2 v}{\partial t^2} \tag{2・144}$$

式(2・143)で$v$を消去すると，

$$\frac{\partial^2 i}{\partial x^2} = LC\frac{\partial^2 i}{\partial t^2} \tag{2・145}$$

となる．式(2・144)の解を求める．

新しい変数$\xi$，$\zeta$を

$$\xi = x + ct \tag{2・146}$$

$$\zeta = x - ct \tag{2・147}$$

と定義し，式(2・144)の変数変換を行う．

$$\begin{aligned}\frac{\partial v}{\partial x} &= \left(\frac{\partial v}{\partial \xi}\right)\left(\frac{\partial \xi}{\partial x}\right) + \left(\frac{\partial v}{\partial \zeta}\right)\left(\frac{\partial \zeta}{\partial x}\right) \\ &= \left(\frac{\partial v}{\partial \xi}\right) + \left(\frac{\partial v}{\partial \zeta}\right)\end{aligned} \tag{2・148}$$

$$\begin{aligned}\frac{\partial^2 v}{\partial x^2} &= \frac{\partial}{\partial \xi}\left(\frac{\partial v}{\partial \xi} + \frac{\partial v}{\partial \zeta}\right) + \frac{\partial}{\partial \zeta}\left(\frac{\partial v}{\partial \xi} + \frac{\partial v}{\partial \zeta}\right) \\ &= \left(\frac{\partial^2 v}{\partial \xi^2}\right) + 2\left(\frac{\partial^2 v}{\partial \xi \partial \zeta}\right) + \left(\frac{\partial^2 v}{\partial \zeta^2}\right)\end{aligned} \tag{2・149}$$

また，$t$についても同様に計算する．

$$\begin{aligned}\frac{\partial^2 v}{\partial t^2} &= c^2\frac{\partial}{\partial \xi}\left(\frac{\partial v}{\partial \xi} - \frac{\partial v}{\partial \zeta}\right) + c^2\frac{\partial}{\partial \zeta}\left(\frac{\partial v}{\partial \xi} - \frac{\partial v}{\partial \zeta}\right) \\ &= c^2\left\{\left(\frac{\partial^2 v}{\partial \xi^2}\right) - 2\left(\frac{\partial^2 v}{\partial \xi \partial \zeta}\right) + \left(\frac{\partial^2 v}{\partial \zeta^2}\right)\right\}\end{aligned} \tag{2・150}$$

この2式を式(2・144)に代入して，

$$c^2 = \frac{1}{LC} \tag{2・151}$$

とすると，

$$4\left(\frac{\partial^2 v}{\partial \xi \partial \zeta}\right) = 0 \tag{2・152}$$

となる．$v$ を $\xi$ で偏微分し，ついで $\zeta$ で偏微分して 0 になるということは，$v$ には $\xi$ の項と $\zeta$ の項とは独立しており，両者の積の項はないことを意味している．そこで，$v$ の解は

$$v = F_+(x, +ct) + F_-(x, -ct) \tag{2・153}$$

の形をとる．

**（c） 交流正弦波の場合**

前節において，式 (2・144) の解は式 (2・153) となることを示した．そこで，伝送線路の電圧が正弦波の場合に，電圧 $v$ が時刻 $t$ と位置 $x$ にどのように関係しているか考える．正弦波であるから，

$$F_+(x, t) = V_{m+}\sin(\omega t - \beta x + \varPhi_+) \tag{2・154}$$

$$F_-(x, t) = V_{m-}\sin(\omega t + \beta x + \varPhi_-) \tag{2・155}$$

は，解の一つとなる．

簡単のため線路が無損失であると仮定すると，$V_{m+}$，$V_{m-}$ は一定である．$F_+$ が一定である条件は，位相

$$\omega t - \beta x + \varPhi_+ = 一定 \tag{2・156}$$

であれば満たされる．この条件が満たされると，時間 $t$ の増加とともに位置 $x$ は増加する．つまり，$F_+(x, +ct)$ は時間が経過するにしたがって波形が $x$ の増加の方向，正の方向に移動することになる．移動の速さは

$$u_+ = \frac{\omega}{\beta} \tag{2・157}$$

である．一方，$F_+$ についても同様に考えられて，時間の経過とともに波形は $x$ の負の方向に移動することが説明できる．ただし移動速度は

$$u_- = -\frac{\omega}{\beta} \tag{2・158}$$

である．このように線路上を時間の経過とともに移動する波を進行波，$u_+$，$u_-$ を位相速度という．

**（d） 線路に損失がある場合**

伝送線路に抵抗がある場合を考える．この場合，線路の電気抵抗による電圧降下が発生し，波の移動とともに電圧が減少する．偏微分方程式は

$$-\frac{\partial v}{\partial x} = L\frac{\partial i}{\partial t} + Ri \tag{2・159}$$

$$-\frac{\partial i}{\partial x} = C\frac{\partial v}{\partial t} + Gv \tag{2・160}$$

となる．ただし，$R$, $G$ は線路の単位長さ当たりの電気抵抗，コンダクタンスである．

$$\frac{\partial^2 v}{\partial x^2} = LC\frac{\partial^2 v}{\partial t^2} + (LG + RC)\frac{\partial v}{\partial t} + RGv \qquad (2 \cdot 161)$$

$$\frac{\partial^2 i}{\partial x^2} = LC\frac{\partial^2 i}{\partial t^2} + (LG + RC)\frac{\partial i}{\partial t} + RGi \qquad (2 \cdot 162)$$

この場合，正弦波状電圧では，

$$F_+(x, t) = V_{m+}\sin(\omega t - \beta x + \Phi_+) \qquad (2 \cdot 163)$$

$$F_-(x, t) = V_{m-}\sin(\omega t + \beta x + \Phi_-) \qquad (2 \cdot 164)$$

が式 (2・159) の解の一つである．ただし，線路に損失があるので，$V_{m+}$, $V_{m-}$ は $x$ により変化する．

$$V_{m+} = K_1 e^{-\alpha x} \qquad (2 \cdot 165)$$

$$V_{m-} = K_2 e^{\alpha x} \qquad (2 \cdot 166)$$

式 (2・163) は正方向へ進行する波，式 (2・164) は負方向へ進行する波を表している．正方向への波の振幅は $x=1/\alpha$ の地点まで進んだとき，$1/e$ に減少する．ただし，$\alpha$, $\beta$ の間には次式の関係がある．

$$\alpha^2 - \beta^2 = -LG\omega^2 + RG \qquad (2 \cdot 167)$$

$$2\alpha\beta = (LG + CR)\omega \qquad (2 \cdot 168)$$

## 演習問題

1． 1・1節の例題について，最小自乗法により，直線の式を作れ．
2． 電圧 $V$ を加えた電気回路で

$$\log V = \log\left(\frac{Q_0}{C}\right) - 0.4343\left(\frac{t}{CR}\right)$$

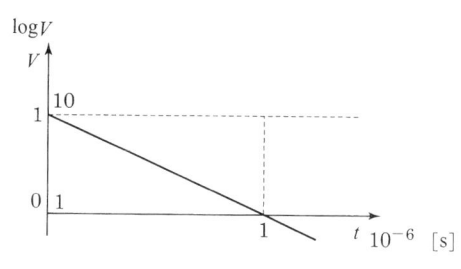

図 2・15　$V$-$t$ 片対数グラフ

の関係があるとき，図 2・15 のような直線が得られた．$C=1\,\mathrm{nF}\,(=10^{-9}\,\mathrm{F})$ のとき，抵抗 $R$ を求めよ．

**3．** $n$ を整数 $(n\neq 0)$，$a$ を実数とするとき，次の関数の導関数を求めよ．
 (1) $y = x^n$　　　(2) $y = x^{-n}$　　　(3) $y = xe^{ax}$　　　(4) $y = \sin(ax)$
 (5) $y = \sin\left(\dfrac{1}{ax}\right)$　　(6) $y = \tan x$　　(7) $y = \ln(ax)$

**4．** 次の関数には不連続点がある．不連続点へ正の側から接近する場合と，負側から接近した場合の導関数を求めよ．
$$y = \dfrac{1}{|x|}$$

**5．** 次の関数を偏微分せよ．
 (1) $z = ax^2 + by^2$　　(2) $x^2 = y^2 + z^2$
 (3) $z = (ax - by)^3$　　(4) $y = e^{-(V-V_0)/kT}$

**6．** つぎの関数を積分せよ．
 (1) $(2x^2 + 3x + 4)^2$　　(2) $\sin(2x)$　　(3) $\cos(ax)$
 (4) $\tan(x)$　　(5) $e^{-ax}$　　(6) $\log x$

**7．** つぎの微分方程式を解け．
 (1) $\dfrac{d^3 x}{dt^3} + 4\dfrac{d^2 x}{dt^2} + 6\dfrac{dx}{dt} + 4x = 4$

  初期条件　$x(0) = 0,\ \dfrac{dx(0)}{dt} = 0,\ \dfrac{d^2 x(0)}{dt^2} = 0$

 (2) $\dfrac{d^3 x}{dt^3} + 4\dfrac{d^2 x}{dt^2} + 5\dfrac{dx}{dt} + 2x = 0$

  初期条件　$x(0) = 5,\ \dfrac{dx(0)}{dt} = 2,\ \dfrac{d^2 x(0)}{dt^2} = 1$

**8．** スモッグでよごれた空気中で，光が 100 m ごとに 2 ％ 弱くなると，25 km 先に届く光はどうなるか．微分方程式を作り，解け．

# 第3章 多変数の扱い方

## 3・1 ベクトル

### (1) スカラとベクトルの定義と表示

物の個数，時間や長さのように一つの数で表される量はスカラ (scalar) である．例えばお金，長さや重さもそうであるが，電気諸量としては電流，電圧，電力，電気抵抗，インダクタンス，キャパシタンス等はスカラ量である．しかし，二つ以上の数の組み合わせでなければ表すことができない量がベクトル (vector) である．言い換えれば大きさと方向を持つ量がベクトルであり，速度，力，トルク，電気的諸量では電界，磁界等はベクトル量である．

スカラを表現するのには単に数値に単位をつけて表す．例えば 3 cm，5 kg，7 V，8 A，等である．スカラ量を文字記号で表すには細い線の文字で $a$, $A$, のように単に記号でその量を示す．一方ベクトルは図3・1に示した $\boldsymbol{a}$, $\boldsymbol{A}$, … のように太線の文字を用いるか，$\bar{a}$, $\bar{A}$ のように2重線を付けた文字を用いる．また，ベクトルは $\boldsymbol{a}=\overrightarrow{Oa}$, $\boldsymbol{A}=\overrightarrow{OA}$ のように文字の上に矢印をつけた有向線分で表現することもある．文字の表示法によってスカラ量とベク

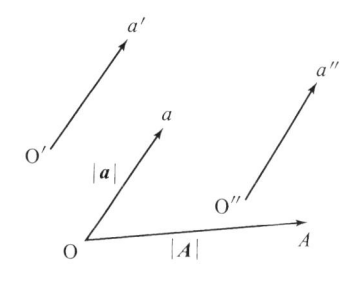

図3・1 ベクトルの表示

トル量を区別している．また，ベクトルの大きさだけを示すのには $|a|$，$|A|$ で表すが，これ等はスカラであるので単に細い文字の $a$，$A$ で表す．ベクトルは大きさと方向をもった量であるので，図3・1のようにベクトルの大きさを線の長さで，方向を線の向きで表している．したがって，ベクトルは平行移動しても同じであり，図では $o'a'$ も $o''a''$ も $oa$ と同じベクトルである．

（2） ベクトルの座標表示

ベクトルは大きさと方向を持った量であるので，一般には3次元座標で表されるが，先ず簡単な2次元の $x$-$y$ 直交座標系では図3・2のように表すことができる．点 $P_1$ と $P_2$ は $x$-$y$ 平面上ではおのおの $(x_1, y_1)$ と $(x_2, y_2)$ で示される．ベクトルの大きさ $|P_1P_2|$ や傾き $\theta$ は次の式で表すことができる．

$$|P_1P_2| = \sqrt{(x_2 - x_1)^2 + (y_2 - y_1)^2} \tag{3・1}$$

$$\theta = \tan^{-1} \frac{y_2 - y_1}{x_2 - x_1} \tag{3・2}$$

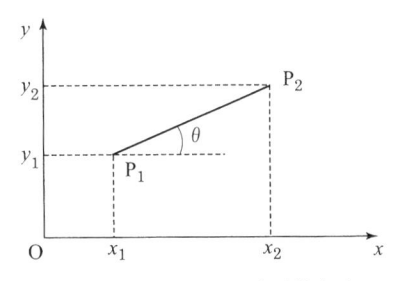

図3・2 ベクトルの2次元的表示

## 3・2 ベクトルの演算

（1） 2次元ベクトルの和と差

ベクトル $A$ と $B$ の和を2次元で図示すると図3・3のようである．このベクトル $A$ と $B$ の和は図形的に見ると，ベクトル $A$ と $B$ で形成される平行四辺形の対角線に対応する．ベクトルは平行移動しても同じであるので，図においてベクトル $A$ の先端に $B$ の起点 (0) を合わせるように平行移動すると，$A$ の起点から $B$ の先端に向かう線は $A$ と $B$ の和に等しいベクトル $F$ である．これとは逆に，ベクトル $B$ の先端にベクトル $A$ の起点 (0) を合わせるように

図3・3 ベクトルの和 $F=A+B$

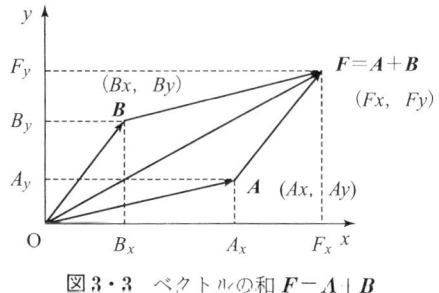

平行移動しても，ベクトル $B$ の起点と $A$ の先端はベクトル $A$ と $B$ の和で $F$ となる．

ベクトル $A+B$ は $x$-$y$ 座標系では次のように示すことができる．ベクトル $A$, $B$ の $x$, $y$ 成分をそれぞれ $A_x$, $A_y$ および $B_x$, $B_y$ で示すと，$A$ と $B$ の和 $F$ は次のようである．

$$F = (F_x,\ F_y) = A + B = (A_x + B_x,\ A_y + B_y) \tag{3・3}$$

ベクトル $A+B$ の大きさは線 $F$ の長さで示されるので次のように求められる．

$$|F| = \sqrt{F_x^2 + F_y^2}$$
$$= \sqrt{(A_x + B_x)^2 + (A_y + B_y)^2} \tag{3・4}$$

2次元ではベクトル $A$ と $B$ の差は図3・4のように示される．ベクトル $B$ の座標が $(B_x, B_y)$ であるのに対して，ベクトル $-B$ の座標は $(-B_x, -B_y)$ である．$B$ に対して $-B$ の関係にあるベクトルを $B$ の逆ベクトルという．し

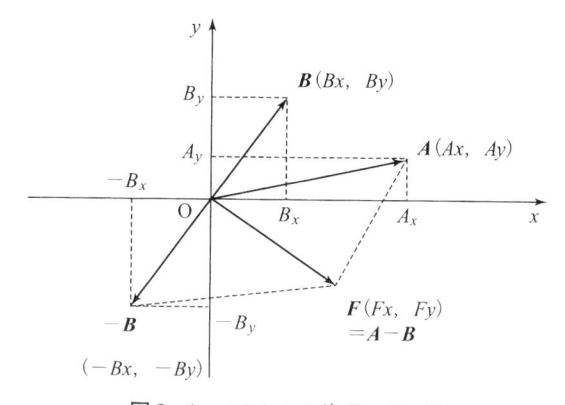

図3・4 ベクトルの差 $F=A-B$

たがって，$A-B$ のベクトルは $A$ と $-B$ の和のベクトルを求めればよいことになる．この関係を $x$-$y$ 座標系の成分で示せば次のようになる．

$$F = (F_x, F_y) = A - B = (A_x - B_x, A_y - B_y) \tag{3・5}$$

$A-B$ のベクトルの大きさ $|F|$ は次式で求められる．

$$|F| = \sqrt{F_x^2 + F_y^2}$$
$$= \sqrt{(A_x - B_x)^2 + (A_y - B_y)^2} \tag{3・6}$$

ベクトルの演算においては交換法則

$$A + B = B + A \tag{3・7}$$

および結合の法則

$$(A + B) + C = A + (B + C) \tag{3・8}$$

が成立している．

また，ベクトルと実数との演算の間には結合法則

$$a(bA) = b(aA) = (ab)A \tag{3・9}$$

や次の分配の法則が成立する．

$$(a + b)A = aA + bA \tag{3・10}$$

## （2） 3次元のベクトル表示とその演算

$x$，$y$，$z$ の3次元直角座標系のベクトル表示法を図3・5に示す．この図のように $x$，$y$，$z$ 軸の方向をおのおの直角に定めた座標系を右手系と定義されている．右手系とは $x$-$y$ 面に沿って $x$ 軸を $y$ 軸方向に，右ネジの向きに回転したときに，ネジの進む方向が $z$ の正方向の関係にある座標系を意味している．フレミングの右手の法則はその代表例で，導体の運動方向を $x$（親指），磁界の方向を $y$（人指し指），起電力の方向を $z$（中指）とすれば，この関係にある．この例のように，一般的に物理現象を扱うには右手座標系を用いることが

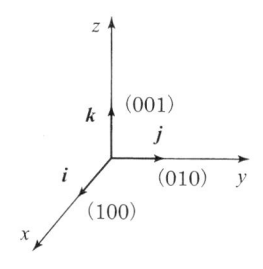

図3・5　3次元座標

多い．

$x$, $y$, $z$ 軸方向の長さがおのおの 1 のベクトルを単位ベクトル，または基本ベクトルという．単位ベクトルの $x$, $y$, $z$ 成分のおのおのを $\boldsymbol{i}$, $\boldsymbol{j}$, $\boldsymbol{k}$ で表す．したがって $x$, $y$, $z$ 方向の単位ベクトル $\boldsymbol{i}$, $\boldsymbol{j}$, $\boldsymbol{k}$ の座標はおのおの $(1, 0, 0)$, $(0, 1, 0)$, $(0, 0, 1)$ である．

任意のベクトル $\boldsymbol{A}$ の 3 次元表示を図 3・6 に示す．ベクトル $\boldsymbol{A}$ の $xyz$ 方向の終点の座標を $(A_x, A_y, A_z)$ とすると，$A_x$, $A_y$, $A_z$ は $x$, $y$, $z$ 軸方向のおのおのの成分である．したがって，ベクトル $\boldsymbol{A}$ を単位ベクトルを用いて示すと，次のようになる．

$$\boldsymbol{A} = A_x\boldsymbol{i} + A_y\boldsymbol{j} + A_z\boldsymbol{k} \tag{3・11}$$

$$|\boldsymbol{A}| = \sqrt{A_x{}^2 + A_y{}^2 + A_z{}^2} \tag{3・12}$$

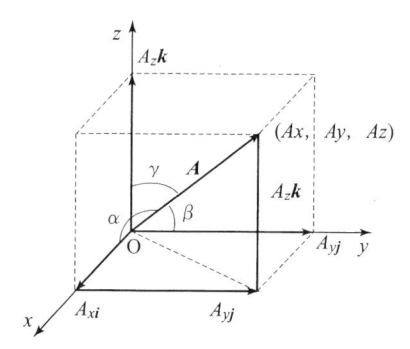

図 3・6　ベクトルの 3 次元表示

ベクトル $\boldsymbol{A}$ の大きさ $|\boldsymbol{A}|$，およびベクトル $\boldsymbol{A}$ と $x$, $y$, $z$ 軸となす角を $\alpha$, $\beta$, $\gamma$ とすれば，ベクトル $\boldsymbol{A}$ の各成分 $A_x$, $A_y$, $A_z$ は次のように示される．

$$\left.\begin{array}{l} A_x = |\boldsymbol{A}|\cos\alpha \\ A_y = |\boldsymbol{A}|\cos\beta \\ A_z = |\boldsymbol{A}|\cos\gamma \end{array}\right\} \tag{3・13}$$

図 3・7 のように，3 次元空間に 2 点 A, B がある．点 A $(A_x, A_y, A_z)$ と点 B $(B_x, B_y, B_z)$ の距離 $|\mathrm{AB}|$ は次のように表される．

$$|\mathrm{AB}| = \sqrt{(A_x - B_x)^2 + (A_y - B_y)^2 + (A_z - B_z)^2} \tag{3・14}$$

二つのベクトル $\boldsymbol{A}$ と $\boldsymbol{B}$ の和や倍数については各成分ごとに計算することが必要となり，次の関係が成り立つ．

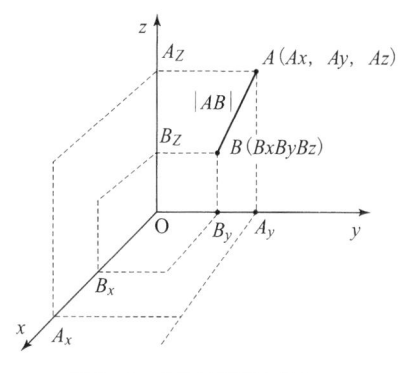

図3・7　3次元空間の長さ

$$A + B = (A_x + B_x)i + (A_y + B_y)j + (A_z + B_z)k \quad (3・15)$$
$$aA = aA_xi + aA_yj + aA_zk \quad (3・16)$$
$$aA + bB = (aA_x + bB_x)i + (aA_y + bB_y)j + (aA_z + bB_z)k \quad (3・17)$$

【例題3・1】 ベクトル $A=2i+3j+4k$, について $|A|$ および $A_x$ と $A$ とのなす角を求めよ．

【解】 $|A| = \sqrt{2^2 + 3^2 + 4^2} = \sqrt{29}$

$\alpha = \cos^{-1}\left(\dfrac{2}{\sqrt{29}}\right) = 68.2°$

(3) スカラ積（内積）

ベクトル $A$ と $B$ が図3・8に示すように，角度 $\theta$ をなしている．$A$ と $B$ 二つのベクトルのスカラ積(scalar product)を $A・B$ と表示し，次の式に示す量として定義している．

$$C = A・B = |A||B|\cos\theta \quad (3・18)$$

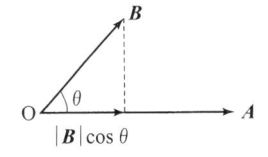

図3・8　スカラ積 $A・B=|A||B|\cos\theta$

この式の意味はベクトル $A$ と $B$ の大きさの積に二つのベクトル $A$ と $B$ のなす角 $\theta$ の余弦，$\cos\theta$ を乗じた値がスカラ量であることを示す．図3・8に示すように $|B|\cos\theta$ はベクトル $B$ のベクトル $A$ 方向成分の大きさである．したがって，$C$ は $A$ の大きさと $B$ の $A$ 方向成分との積ということができる．また，$|A|\cos\theta$ はベクトル $A$ のベクトル $B$ 方向成分を示している．したがって，スカラ積については次の関係が成立する．

$$C = A \cdot B = B \cdot A$$

図3・6のような3次元座標系における単位ベクトルのスカラ積を考える．式(3・18)に従って単位ベクトルのスカラ積を求めると，次のようになる．

$$i \cdot i = j \cdot j = k \cdot k = 1 \tag{3・19}$$
$$i \cdot j = j \cdot k = k \cdot i = 0$$

ベクトル $A$ と $B$ は3次元直角座標系では次のように表される．

$$A = A_x i + A_y j + A_z k$$
$$B = B_x i + B_y j + B_z k \tag{3・20}$$

したがって，ベクトル $A$ と $B$ のスカラ積は次のように示され，ベクトルのスカラ積はスカラであることを示している．

$$A \cdot B = (A_x i + A_y j + A_z k) \cdot (B_x i + B_y j + B_z k)$$
$$= A_x B_x + A_y B_y + A_z B_z \tag{3・21}$$

また，式(3・12)と式(3・21)より

$$\cos\theta = \frac{A \cdot B}{|A||B|}$$
$$= \frac{A_x B_x + A_y B_y + A_z B_z}{\sqrt{A_x^2 + A_y^2 + A_z^2}\sqrt{B_x^2 + B_y^2 + B_z^2}} \tag{3・22}$$

スカラ積については次の関係が成立する．

交換則　　$A \cdot B = B \cdot A$ (3・23)

分配則　　$A \cdot (B + C) = A \cdot B + A \cdot C$ (3・24)

（4）ベクトル積（外積）

ベクトル $A$ と $B$ が図3・9(a)のように $\theta$ の角度にある．$A$ と $B$ のベクトル積(vector product)は $A \times B$ と表し，その意味は次式のような表現で示される．

$$A \times B = n(|A||B|\sin\theta) \tag{3・25}$$

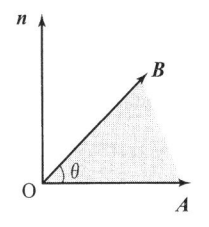

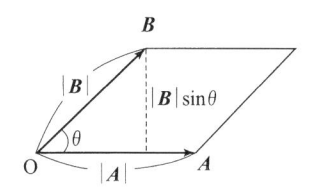

(a) ベクトル積の方向　　　(b) ベクトル積の大きさ

図 3・9　ベクトル積

　この式で，$n$ はベクトル積 $A \times B$ の方向を示す記号であり，$n$ は図 3・9(a) に示したように，$A$ と $B$ でできる平面に垂直で，右手系で示される方向で，大きさ 1 の単位ベクトルである．ここで，右手系とはベクトル $A$ を $A$ から $B$ の方向に右回転したとき，ネジが進む方向を正方向と定めている．この方向は前にも示したように，フレミングの右手の法則が示す方向である．磁界（$A$ の方向の）中を導体を移動（$B$ の方向に）させたとき導体に発生する電圧の方向（$n$ の方向）に相当する．その大きさは $|A||B|\sin\theta$ であり，図 3・9(b) に示したように $A$ と $B$ が形成する平行四辺形の面積に相当する．したがって，ベクトル積 $A \times B$ の意味は，$(|A||B|\sin\theta)$ の大きさで，$n$ の方向をもったベクトルである．

　ベクトル積の定義から明らかであるが，$A \times B$ と $B \times A$ は次のように，大きさが同じで，逆方向のベクトルであり，次の関係にある．

$$A \times B = -B \times A$$

ベクトル積の式 (3・25) を 3 次元の単位ベクトルについて適用すると次のようになる．

$$\begin{aligned}
&i \times j = k &&j \times k = i &&k \times i = j \\
&j \times i = -k &&k \times j = -i &&i \times k = -j \\
&i \times i = 0 &&j \times j = 0 &&k \times k = 0
\end{aligned} \quad (3 \cdot 26)$$

ベクトル $A$ および $B$ は式 (3・20) で示されるので，単位ベクトルに関する式 (3・26) を適用してベクトル積 $A \times B$ を求めると次のように表示できる．

$$A \times B = i(A_y B_z - A_z B_y) + j(A_z B_x - A_x B_z) \\ + k(A_x B_y - A_y B_x) \quad (3 \cdot 27)$$

## 3・3 マトリクス(行列)とその演算
### (1) マトリクス(行列)の表示法

次に示すように，幾つかの数字を長方形に並べ，両端を[ ]，( )や‖ ‖等のカッコで囲んだものが行列(matrix)である．行列の中のそれぞれの数値は成分または要素という．また，要素の横の並びが行(row)，縦の並びが列(column)である．行または列の数を次数(order)という．要素は $a_{jk}$ と添字をつけて表現し，この添字 $j$ と $k$ は $j$ 行 $k$ 列の要素であることを示す．以下にいくつかの行列の例を示す．

$$\begin{bmatrix} a_{11} & a_{12} \\ a_{21} & a_{22} \end{bmatrix} \tag{3・28}$$

$$\begin{bmatrix} a_{11} \\ a_{21} \end{bmatrix} \tag{3・29}$$

$$\begin{bmatrix} a_{11} & a_{12} & a_{13} \\ a_{21} & a_{22} & a_{23} \\ a_{31} & a_{32} & a_{33} \end{bmatrix} \tag{3・30}$$

$$\begin{bmatrix} a_{11} & a_{12} & a_{13} \\ a_{21} & a_{22} & a_{23} \end{bmatrix} \tag{3・31}$$

ここに示した式(3・28)は2行2列，式(3・29)は2行1列，式(3・30)は3行3列，式(3・31)は2行3列の行列である．式(3・28)や式(3・30)のように $n$ 行 $n$ 列で，行と列が同じ行列を正方行列(square matrix)と呼んでいる．正方行列において $a_{11}$, $a_{22}$, $a_{33}$ のように次数の同じ要素は $a_{jj}$ のように同じ文字の添字で表現し，これを対角要素(diagonal element)と名づける．また，正方行列のうちでも，式(3・32)に示すように，$a_{jk}=0$, $a_{jj}=1$ であって，対角要素が1でそれ以外の要素が0の行列を単位行列(unit matrix)と呼び，これを $[E]$ で表す．また，式(3・33)は $a_{jk}=a_{jj}=0$ であり，すべての要素が0の行列であり，これを零行列と呼んでいる．

$$\begin{bmatrix} a_{11} & a_{12} & a_{13} \\ a_{21} & a_{22} & a_{23} \\ a_{31} & a_{32} & a_{33} \end{bmatrix} = \begin{bmatrix} 1 & 0 & 0 \\ 0 & 1 & 0 \\ 0 & 0 & 1 \end{bmatrix} = [E] \tag{3・32}$$

$$\begin{bmatrix} a_{11} & a_{12} & a_{13} \\ a_{21} & a_{22} & a_{23} \\ a_{31} & a_{32} & a_{33} \end{bmatrix} = \begin{bmatrix} 0 & 0 & 0 \\ 0 & 0 & 0 \\ 0 & 0 & 0 \end{bmatrix} \tag{3・33}$$

行列を簡単に表現するために，行列を $[A]$, $[B]$ のように表示したとき，行列の計算を行うには次の基本的な性質がある．

(a) $[A] = [B]$

とは $a_{ij} = b_{ij}$ であり，行列が等しいことは二つの行列の対応する要素がすべて等しいことである

(b) $[A] + [B] = [C]$

とは $a_{ij} + b_{ij} = c_{ij}$ であり，対応する要素を加えることである

(c) $[B] = n[A]$

とは $b_{ij} = na_{ij}$ であり，すべての要素を $n$ 倍することである

(d) $[A]^{-1}$

とは行列 $[A]$ の逆行列で，$[A]^{-1} \times [A] = [E]$ となるような行列である

(e) $[A]^T = [K]$

とは転置行列といい，$[A]$ の行と列を入れ替えた行列である．$[A]$ の要素が $a_{ij}$ であるとき $k_{ji} = a_{ij}$ を要素とする行列である．

### (2) 行列の四則演算

次のような2行2列の行列がある．

$$[A] = \begin{bmatrix} a_{11} & a_{12} \\ a_{21} & a_{22} \end{bmatrix} \quad [B] = \begin{bmatrix} b_{11} & b_{12} \\ b_{21} & b_{22} \end{bmatrix} \tag{3・34}$$

この行列の和は

$$[A] + [B] = \begin{bmatrix} a_{11} + b_{11} & a_{12} + b_{12} \\ a_{21} + b_{21} & a_{22} + b_{22} \end{bmatrix} \tag{3・35}$$

であり，対応する要素を加えることを示す．この関係は次数の高い行列の場合も同様である．したがって，行列 $[A]$ ($m$ 行 $n$ 列) と $[B]$ ($i$ 行 $k$ 列) の和は $m=i$, $n=k$ の時にだけ $[A]+[B]$ が定義され，和が求められることになる．

式 (3・34) の行列 $[A]$ と $[B]$ の積は次のように計算を行う．

$$[A][B] = \begin{bmatrix} a_{11}b_{11} + a_{12}b_{21} & a_{11}b_{12} + a_{12}b_{22} \\ a_{21}b_{11} + a_{22}b_{21} & a_{21}b_{12} + a_{22}b_{22} \end{bmatrix} \tag{3・36}$$

2行2列と2行1列の行列の積は次のように計算を行う．

$$[A] = \begin{bmatrix} a_{11} & a_{12} \\ a_{21} & a_{22} \end{bmatrix} \quad [B] = \begin{bmatrix} b_{11} \\ b_{21} \end{bmatrix} \tag{3・37}$$

$$[A][B] = \begin{bmatrix} a_{11}b_{11} + a_{12}b_{21} \\ a_{21}b_{11} + a_{22}b_{21} \end{bmatrix} \tag{3・38}$$

一方,次に示す 2 行 1 列と 2 行 2 列の行列の積は定義できない.

$$[A] = \begin{bmatrix} a_{11} \\ a_{21} \end{bmatrix} \qquad [B] = \begin{bmatrix} b_{11} & b_{12} \\ b_{21} & b_{22} \end{bmatrix} \tag{3・39}$$

行列 $[A]$ が $[m\text{行}\,n\text{列}]$,$[B]$ が $[j\text{行}\,k\text{列}]$ であるとき,この二つの行列の積は $[A]\times[B]$ のように示され,上に示したように,行列 (3・34) は積の存在する例であるが,行列 (3・39) の積は計算できない.このことは,$n=j$ の時にだけ行列の積は定義され,解が存在することを示している.

3 行 3 列の行列 $[A]$ と $[B]$ が次のように与えられたとき,

$$[A] = \begin{bmatrix} a_{11} & a_{12} & a_{13} \\ a_{21} & a_{22} & a_{23} \\ a_{31} & a_{32} & a_{33} \end{bmatrix} \qquad [B] = \begin{bmatrix} b_{11} & b_{12} & b_{13} \\ b_{21} & b_{22} & b_{23} \\ b_{31} & b_{32} & b_{33} \end{bmatrix}$$

行列 $[A]$ と $[B]$ の積は次のように計算できる.

$$[A][B] = \begin{bmatrix} a_{11}b_{11} + a_{12}b_{21} + a_{13}b_{31} & a_{11}b_{12} + a_{12}b_{22} + a_{13}b_{32} & a_{11}b_{13} + a_{12}b_{23} + a_{13}b_{33} \\ a_{21}b_{11} + a_{22}b_{21} + a_{23}b_{31} & a_{21}b_{12} + a_{22}b_{22} + a_{23}b_{32} & a_{21}b_{13} + a_{22}b_{23} + a_{23}b_{33} \\ a_{31}b_{11} + a_{32}b_{21} + a_{33}b_{31} & a_{31}b_{12} + a_{32}b_{22} + a_{33}b_{32} & a_{31}b_{13} + a_{32}b_{23} + a_{33}b_{33} \end{bmatrix} \tag{3・40}$$

### (3) 連立方程式の行列による表示

いま $R$,$I$,$E$ が次のような行列であるとする.

$$[R] = \begin{bmatrix} r_{11} & r_{12} \\ r_{21} & r_{22} \end{bmatrix} \qquad [I] = \begin{bmatrix} i_1 \\ i_2 \end{bmatrix} \qquad [E] = \begin{bmatrix} E_1 \\ E_2 \end{bmatrix} \tag{3・41}$$

行列 $[R]$ と $[I]$ の積が行列 $[E]$ と等しいとすると,

$$[R][I] = \begin{bmatrix} r_{11} & r_{12} \\ r_{21} & r_{22} \end{bmatrix} \begin{bmatrix} i_1 \\ i_2 \end{bmatrix} = \begin{bmatrix} E_1 \\ E_2 \end{bmatrix} \tag{3・42}$$

$$= \begin{bmatrix} r_{11}i_1 + r_{12}i_2 \\ r_{21}i_1 + r_{22}i_2 \end{bmatrix} = \begin{bmatrix} E_1 \\ E_2 \end{bmatrix} = [E] \tag{3・43}$$

ここで求めた式 (3・43) の行列は式 (3・44) の連立方程式と同じである.したがって,式 (3・44) の連立方程式は式 (3・42) のように行列の積で表すこと

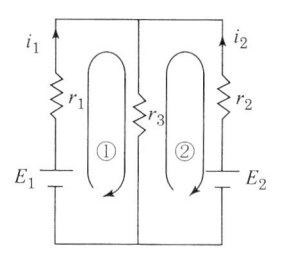

図3・10 2変数の回路

ができることを示す．

$$r_{11}i_1 + r_{12}i_2 = E_1$$
$$r_{21}i_1 + r_{22}i_2 = E_2 \qquad (3・44)$$

図3・10の電気回路にキルヒホッフの法則を適用すると式(3・45)が得られ，式(3・44)と同形である．

$$i_1(r_1 + r_3) + i_2 r_3 = E_1$$
$$i_1 r_3 + i_2(r_2 + r_3) = E_2 \qquad (3・45)$$

このように，電気回路を解くには一般的にキルヒホッフの法則を適用することが多く，この場合は式(3・44)のような連立方程式の形となり，この連立方程式は式(3・43)のように行列の積で表されることを示したものである．

上に示した式(3・44)，(3・45)の関係は2変数の連立方程式について示したが，次に3変数の連立方程式の場合として，次の式を考える．

$$r_{11}i_1 + r_{12}i_2 + r_{13}i_3 = E_1$$
$$r_{21}i_1 + r_{22}i_2 + r_{23}i_3 = E_2 \qquad (3・46)$$
$$r_{31}i_1 + r_{32}i_2 + r_{33}i_3 = E_3$$

この連立方程式を行列で表示するために行列 $[R]$, $[I]$, $[E]$ を次のように定義する．

$$[R] = \begin{bmatrix} r_{11} & r_{12} & r_{13} \\ r_{21} & r_{22} & r_{23} \\ r_{31} & r_{32} & r_{33} \end{bmatrix} \quad [I] = \begin{bmatrix} i_1 \\ i_2 \\ i_3 \end{bmatrix} \quad [E] = \begin{bmatrix} E_1 \\ E_2 \\ E_3 \end{bmatrix} \qquad (3・47)$$

式(3・46)の連立方程式は次のように行列の積によって示すことができ，

$$[R][I] = [E] \qquad (3・48)$$

結果的に式(3・46)のように三つの変数をもった連立方程式は行列の積として次のように表すことができる．

$$\begin{bmatrix} r_{11} & r_{12} & r_{13} \\ r_{21} & r_{22} & r_{23} \\ r_{31} & r_{32} & r_{33} \end{bmatrix} \begin{bmatrix} i_1 \\ i_2 \\ i_3 \end{bmatrix} = \begin{bmatrix} E_1 \\ E_2 \\ E_3 \end{bmatrix} \tag{3・49}$$

**【例題3・2】** 図3・11の回路にキルヒホッフの法則を適用して,行列で示せ.

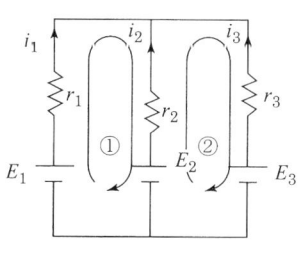

図3・11 3変数の回路

**【解】** キルヒホッフの法則を適用すると次のような連立方程式が成立する.

$$\begin{aligned} i_1 + i_2 + i_3 &= 0 \\ i_1 r_1 - i_2 r_2 &= E_1 - E_2 \\ i_2 r_2 - i_3 r_3 &= E_2 - E_3 \end{aligned}$$

これを行列で示すと次のようになる.

$$\begin{bmatrix} 1 & 1 & 1 \\ r_1 & -r_2 & 0 \\ 0 & r_2 & -r_3 \end{bmatrix} \begin{bmatrix} i_1 \\ i_2 \\ i_3 \end{bmatrix} = \begin{bmatrix} 0 \\ E_1 - E_2 \\ E_2 - E_3 \end{bmatrix}$$

## 3・4 行列式と逆行列

### (1) 行 列 式

行列 $[A]$ が正方行列であるとき,行列 $[A]$ に対して $|A|$ または $\det A$ と表現してこれを行列 $[A]$ の行列式 (determinant) と呼び,行列 $[A]$ は式を表しているが行列式は数値である.2次および3次の行列式の計算を次に示す.

$$|A| = \begin{vmatrix} a_{11} & a_{12} \\ a_{21} & a_{22} \end{vmatrix} = a_{11}a_{22} - a_{12}a_{21} \tag{3・50}$$

$$|A| = \begin{vmatrix} a_{11} & a_{12} & a_{13} \\ a_{21} & a_{22} & a_{23} \\ a_{31} & a_{32} & a_{33} \end{vmatrix}$$

$$= a_{11}a_{22}a_{33} + a_{12}a_{23}a_{31} + a_{13}a_{21}a_{32}$$
$$- a_{13}a_{22}a_{31} - a_{12}a_{21}a_{33} - a_{11}a_{23}a_{32} \tag{3・51}$$

2次および3次の行列式はこのように簡単に求められるが，3次以上の行列式は次のようにして計算する．

行列式 $|A|$ の $j$ 行 $k$ 列を取り除いた行列式を $a_{jk}$ の小行列式といい，$A_{jk}$ で示す．さらに，小行列式 $A_{jk}$ に $(-1)^{j+k}$ を乗じた行列式を $a_{jk}$ の余因数 (cofactor) または余因子といい，これを $|A|_{jk}$ と示す．

次の3次の行列式について余因数は

$$|A| = \begin{vmatrix} a_{11} & a_{12} & a_{13} \\ a_{21} & a_{22} & a_{23} \\ a_{31} & a_{32} & a_{33} \end{vmatrix} \tag{3・52}$$

行列式 $|A|$ の $a_{11}$ の余因数 $|A|_{11}$ は $a_{11}$ が位置する行と列を取り除いた行列式に $(-1)^{1+1}$ を乗じた値である．したがって

$$|A|_{11} = (-1)^{1+1} \begin{vmatrix} a_{22} & a_{23} \\ a_{32} & a_{33} \end{vmatrix} = a_{22}a_{33} - a_{23}a_{32}$$

$$|A|_{21} = (-1)^{2+1} \begin{vmatrix} a_{12} & a_{13} \\ a_{32} & a_{33} \end{vmatrix} = -a_{12}a_{33} + a_{13}a_{32}$$

$$|A|_{31} = (-1)^{3+1} \begin{vmatrix} a_{12} & a_{13} \\ a_{22} & a_{23} \end{vmatrix} = a_{12}a_{23} - a_{13}a_{22}$$

以下の余因数もこれと同様に計算することができる．

$$|A|_{12} = -\begin{vmatrix} a_{21} & a_{23} \\ a_{31} & a_{33} \end{vmatrix} \quad |A|_{22} = \begin{vmatrix} a_{11} & a_{13} \\ a_{31} & a_{33} \end{vmatrix} \quad |A|_{32} = -\begin{vmatrix} a_{11} & a_{13} \\ a_{21} & a_{23} \end{vmatrix}$$

$$|A|_{13} = \begin{vmatrix} a_{21} & a_{22} \\ a_{31} & a_{32} \end{vmatrix} \quad |A|_{23} = -\begin{vmatrix} a_{11} & a_{12} \\ a_{31} & a_{32} \end{vmatrix} \quad |A|_{33} = \begin{vmatrix} a_{11} & a_{12} \\ a_{21} & a_{22} \end{vmatrix}$$

$$\tag{3・53}$$

3行3列の行列式は式 (2・51) によって求められるが，余因数を使うと次のようにして求めることができる．

$$|A| = a_{11}|A|_{11} + a_{21}|A|_{21} + a_{31}|A|_{31}$$
$$= a_{11}|A|_{11} + a_{12}|A|_{12} + a_{13}|A|_{13}$$
$$= a_{21}|A|_{21} + a_{22}|A|_{22} + a_{23}|A|_{23} \tag{3・54}$$

このように，3次の行列式は2次の行列式に次数を下げて計算ができること

を示している．ここに示したように，3行3列の行列式を余因数を使った6通りのうち3通りを示したが，いずれも結果は同じである．いずれかの行または列について余因数を用いて展開することができる．一般的には3次以上の行列式の計算は余因数を使って次数を下げて計算を行う．

【例題3・3】 次の4行4列の行列式の計算式を示せ．

$$|A| = \begin{vmatrix} a_{11} & a_{12} & a_{13} & a_{14} \\ a_{21} & a_{22} & a_{23} & a_{24} \\ a_{31} & a_{32} & a_{33} & a_{34} \\ a_{41} & a_{42} & a_{43} & a_{44} \end{vmatrix}$$

【解】 式 (3・54) と同様に各要素と余因数によって何種類もの表現ができるが，ここには3行3列の行列式を使った表現は8通りあるが，次に4通りを示す．

$$\begin{aligned} |A| &= a_{11}|A|_{11} + a_{21}|A|_{21} + a_{31}|A|_{31} + a_{41}|A|_{41} \\ &= a_{11}|A|_{11} + a_{12}|A|_{12} + a_{13}|A|_{13} + a_{14}|A|_{14} \\ &= a_{21}|A|_{21} + a_{22}|A|_{22} + a_{23}|A|_{23} + a_{24}|A|_{24} \\ &= a_{31}|A|_{31} + a_{32}|A|_{32} + a_{33}|A|_{33} + a_{34}|A|_{34} \end{aligned} \quad (3・55)$$

## （2） 逆 行 列

行列 $[A]$ の逆行列 (inverse matrix) は $[A]^{-1}$ で表し，単位行列を $[E]$ としたとき

$$[A]^{-1}[A] = [E] \quad (3・56)$$

の関係になる行列である．すなわち，逆行列とは行列にその逆行列を左側から乗じた結果が単位行列になる行列である．

2行2列の行列を

$$[A] = \begin{bmatrix} a_{11} & a_{12} \\ a_{21} & a_{22} \end{bmatrix} \quad (3・57)$$

としたとき，

$$[A]^{-1} = [B] = \begin{bmatrix} b_{11} & b_{12} \\ b_{21} & b_{22} \end{bmatrix}$$

とおき，$[B]$ と $[A]$ の積が単位行列となる，すなわち $[B][A]=[E]$ が成立するためには

$$[B] = \begin{bmatrix} b_{11} & b_{12} \\ b_{21} & b_{22} \end{bmatrix} = \frac{1}{a_{11}a_{22} - a_{12}a_{21}} \begin{bmatrix} a_{22} & -a_{12} \\ -a_{21} & a_{11} \end{bmatrix}$$

の関係が必要である．したがって，逆行列は次のように示すことができる．

$$[A]^{-1} = \frac{1}{|A|} \begin{bmatrix} |A|_{11} & |A|_{21} \\ |A|_{12} & |A|_{22} \end{bmatrix} \tag{3・58}$$

次に3行3列の行列を

$$[A] = \begin{bmatrix} a_{11} & a_{12} & a_{13} \\ a_{21} & a_{22} & a_{23} \\ a_{31} & a_{32} & a_{33} \end{bmatrix} \tag{3・59}$$

としたとき，$[A]$の逆行列は，2行2列の場合と同様に次のように求められる．

$$[A]^{-1} = \frac{1}{|A|} \begin{bmatrix} |A|_{11} & |A|_{21} & |A|_{31} \\ |A|_{12} & |A|_{22} & |A|_{32} \\ |A|_{13} & |A|_{23} & |A|_{33} \end{bmatrix} \tag{3・60}$$

この式の右辺で$|A|$は行列$[A]$の行列式であり，行列の各要素は$[A]$の余因数である．

ここで，式(3・57)と式(3・58)および式(3・59)と式(3・60)の要素を示す添字の位置には特に注意が必要である．

## 3・5 連立方程式の解法
### (1) 逆行列による方法

次のような2変数の連立方程式を行列で表示すると次のようになる．

$$\begin{aligned} r_{11}i_1 + r_{12}i_2 &= E_1 \\ r_{21}i_1 + r_{22}i_2 &= E_2 \end{aligned} \tag{3・61}$$

$$\begin{bmatrix} r_{11} & r_{12} \\ r_{21} & r_{22} \end{bmatrix} \begin{bmatrix} i_1 \\ i_2 \end{bmatrix} = \begin{bmatrix} E_1 \\ E_2 \end{bmatrix} \tag{3・62}$$

式(3・62)に$\begin{bmatrix} r_{11} & r_{12} \\ r_{21} & r_{22} \end{bmatrix}$の逆行列$\begin{bmatrix} r_{11} & r_{12} \\ r_{21} & r_{22} \end{bmatrix}^{-1}$を左より乗ずると次のようになる．

$$\begin{bmatrix} r_{11} & r_{12} \\ r_{21} & r_{22} \end{bmatrix}^{-1} \begin{bmatrix} r_{11} & r_{12} \\ r_{21} & r_{22} \end{bmatrix} \begin{bmatrix} i_1 \\ i_2 \end{bmatrix} = \begin{bmatrix} r_{11} & r_{12} \\ r_{21} & r_{22} \end{bmatrix}^{-1} \begin{bmatrix} E_1 \\ E_2 \end{bmatrix} \tag{3・63}$$

ここで
$$\begin{bmatrix} r_{11} & r_{12} \\ r_{21} & r_{22} \end{bmatrix}^{-1} \begin{bmatrix} r_{11} & r_{12} \\ r_{21} & r_{22} \end{bmatrix} = [E] = \begin{bmatrix} 1 & 0 \\ 0 & 1 \end{bmatrix} \tag{3・64}$$
であるので，式 (3・63) を整理すると，
$$\begin{bmatrix} i_1 \\ i_2 \end{bmatrix} = \begin{bmatrix} r_{11} & r_{12} \\ r_{21} & r_{22} \end{bmatrix}^{-1} \begin{bmatrix} E_1 \\ E_2 \end{bmatrix} \tag{3・65}$$
$$= \frac{1}{r_{11}r_{22} - r_{12}r_{21}} \begin{bmatrix} r_{22} & -r_{12} \\ -r_{21} & r_{11} \end{bmatrix} \begin{bmatrix} E_1 \\ E_2 \end{bmatrix}$$

となる．結果として式 (3・62) の解は $[r]$ の逆行列を求め，これと $E_1$，$E_2$ の行列の積の計算によって $i_1$，$i_2$ が求められることになる．

2 変数の連立方程式の場合と同様に 3 変数の連立方程式を逆行列を使って解くと次のようになる．
$$\begin{aligned} r_{11}i_1 + r_{12}i_2 + r_{13}i_3 &= E_1 \\ r_{21}i_1 + r_{22}i_2 + r_{23}i_3 &= E_2 \\ r_{31}i_1 + r_{32}i_2 + r_{33}i_3 &= E_3 \end{aligned} \tag{3・66}$$
この連立方程式を行列で表すと次のようである．
$$\begin{bmatrix} r_{11} & r_{12} & r_{13} \\ r_{21} & r_{22} & r_{23} \\ r_{31} & r_{32} & r_{33} \end{bmatrix} \begin{bmatrix} i_1 \\ i_2 \\ i_3 \end{bmatrix} = \begin{bmatrix} E_1 \\ E_2 \\ E_3 \end{bmatrix} \tag{3・67}$$
したがって，式 (3・67) に逆行列を左より乗ずることによって，$i_1$，$i_2$，$i_3$ は次のように求められる．
$$\begin{bmatrix} i_1 \\ i_2 \\ i_3 \end{bmatrix} = \begin{bmatrix} r_{11} & r_{12} & r_{13} \\ r_{21} & r_{22} & r_{23} \\ r_{31} & r_{32} & r_{33} \end{bmatrix}^{-1} \begin{bmatrix} E_1 \\ E_2 \\ E_3 \end{bmatrix} \tag{3・68}$$
$$= \frac{1}{|\varDelta|} \begin{bmatrix} |r|_{11} & |r|_{21} & |r|_{31} \\ |r|_{12} & |r|_{22} & |r|_{32} \\ |r|_{13} & |r|_{23} & |r|_{33} \end{bmatrix} \begin{bmatrix} E_1 \\ E_2 \\ E_3 \end{bmatrix}$$

ここに
$$|\varDelta| = \begin{vmatrix} r_{11} & r_{12} & r_{13} \\ r_{21} & r_{22} & r_{23} \\ r_{31} & r_{32} & r_{33} \end{vmatrix} \tag{3・69}$$

である．

これまでに述べてきたように，2変数の連立方程式は2次の，3変数の連立方程式は3次の行列の計算によって解が得られた．さらに変数の多い$n$次の連立方程式についてもこれらと同様に，逆行列によって連立方程式を解くことができる．

**(2) クラメールによる解法**

連立方程式を解くには，逆行列を使う方法の他にクラメールの公式 (Cramer equation) を使って求める方法がある．

2行2列の連立方程式は次のように行列で示される．

$$\begin{bmatrix} r_{11} & r_{12} \\ r_{21} & r_{22} \end{bmatrix} \begin{bmatrix} i_1 \\ i_2 \end{bmatrix} = \begin{bmatrix} E_1 \\ E_2 \end{bmatrix}$$

クラメールの方法とは次の行列式によって解く方法である．

$$i_1 = \frac{\begin{vmatrix} E_1 & r_{12} \\ E_2 & r_{22} \end{vmatrix}}{\begin{vmatrix} r_{11} & r_{12} \\ r_{21} & r_{22} \end{vmatrix}} = \frac{E_1 r_{22} - E_2 r_{12}}{r_{11} r_{22} - r_{12} r_{21}}$$

$$i_2 = \frac{\begin{vmatrix} r_{11} & E_1 \\ r_{21} & E_2 \end{vmatrix}}{\begin{vmatrix} r_{11} & r_{12} \\ r_{21} & r_{22} \end{vmatrix}} = \frac{E_2 r_{11} - E_1 r_{21}}{r_{11} r_{22} - r_{12} r_{21}} \tag{3・70}$$

これは，逆行列によって求めた解 (3・65) と一致する．

3変数の連立方程式についてもクラメールの方法で解くことができる．

$$\begin{bmatrix} r_{11} & r_{12} & r_{13} \\ r_{21} & r_{22} & r_{23} \\ r_{31} & r_{32} & r_{33} \end{bmatrix} \begin{bmatrix} i_1 \\ i_2 \\ i_3 \end{bmatrix} = \begin{bmatrix} E_1 \\ E_2 \\ E_3 \end{bmatrix} \tag{3・71}$$

なる連立方程式の $i_1$, $i_2$, $i_3$ はおのおの次のようにして求められる．

$$i_1 = \frac{\begin{vmatrix} E_1 & r_{12} & r_{13} \\ E_2 & r_{22} & r_{23} \\ E_3 & r_{32} & r_{33} \end{vmatrix}}{|\varDelta|} \quad i_2 = \frac{\begin{vmatrix} r_{11} & E_1 & r_{13} \\ r_{21} & E_2 & r_{23} \\ r_{31} & E_3 & r_{33} \end{vmatrix}}{|\varDelta|} \quad i_3 = \frac{\begin{vmatrix} r_{11} & r_{12} & E_1 \\ r_{21} & r_{22} & E_2 \\ r_{31} & r_{32} & E_3 \end{vmatrix}}{|\varDelta|}$$

$$\tag{3・72}$$

ただし，
$$|\Delta| = \begin{vmatrix} r_{11} & r_{12} & r_{13} \\ r_{21} & r_{22} & r_{23} \\ r_{31} & r_{32} & r_{33} \end{vmatrix}$$

クラメールの方法も，ここに示した2次や3次以上の次数の高い連立方程式にも適用できる．しかし，3次以上における行列式を計算するには式(3・54)や式(3・55)のようにして，余因数によって行列式の次数を下げて計算することが必要になる．

**【例題3・4】** 図3・12の回路の電流を逆行列を用いて解け．

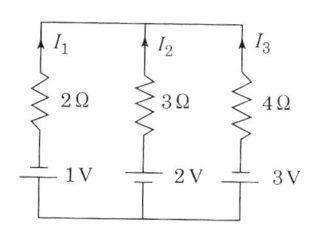

**図3・12　電　気　回　路**

**【解】** キルヒホッフの法則により
$$I_1 + I_2 + I_3 = 0$$
$$2I_1 - 3I_2 \quad\quad = -3$$
$$\quad\quad 3I_2 - 4I_3 = 5$$
が得られ，これを行列で表示すると
$$\begin{bmatrix} 1 & 1 & 1 \\ 2 & -3 & 0 \\ 0 & 3 & -4 \end{bmatrix} \begin{bmatrix} I_1 \\ I_2 \\ I_3 \end{bmatrix} = \begin{bmatrix} 0 \\ -3 \\ 5 \end{bmatrix}$$
更に逆行列を乗ずると電流が求まる．
$$\begin{bmatrix} I_1 \\ I_2 \\ I_3 \end{bmatrix} = \begin{bmatrix} 1 & 1 & 1 \\ 2 & -3 & 0 \\ 0 & 3 & -4 \end{bmatrix}^{-1} \begin{bmatrix} 0 \\ -3 \\ 5 \end{bmatrix} = \frac{1}{13} \begin{bmatrix} -3 \\ 11 \\ -8 \end{bmatrix}$$

## 3・6　ベクトル積と行列

ベクトル $A$ と $B$ のベクトル積はその大きさは式(3・25)に示したように，次式によって表される．
$$A \times B = |A||B|\sin\theta$$

これは大きさだけを表しているが，大きさと方向も合わせて直角座標で示すと式 (3・27) で示したように次のように表すことができる．

$$C = A \times B$$
$$= i(A_yB_z - A_zB_y) + j(A_zB_x - A_xB_z) + k(A_xB_y - A_yB_x) \tag{3・73}$$

ここで，
$$\begin{vmatrix} A_y & A_z \\ B_y & B_z \end{vmatrix} = A_yB_z - A_zB_y$$

$$\begin{vmatrix} A_z & A_x \\ B_z & B_x \end{vmatrix} = A_zB_x - A_xB_z$$

$$\begin{vmatrix} A_x & A_y \\ B_x & B_y \end{vmatrix} = A_xB_y - A_yB_x \tag{3・74}$$

であることを考慮すると，ベクトル積 $A \times B$ は次のような行列式で表すことができる．

$$A \times B = \begin{vmatrix} i & j & k \\ A_x & A_y & A_z \\ B_x & B_y & B_z \end{vmatrix} \tag{3・75}$$

次に 3 重積 $A \cdot (B \times C)$ の内容について考える．

ベクトル $A$，$B$，$C$ はそれぞれ直角座標では次のように表される．

$$A = iA_x + jA_y + kA_z$$
$$B = iB_x + jB_y + kB_z$$
$$C = iC_x + jC_y + kC_z \tag{3・76}$$

$(B \times C)$ は式 (3・73) で示されるので，

$$A \cdot (B \times C) = (iA_x + jA_y + kA_z) \cdot \{(B_yC_z - B_zC_y)i$$
$$+ (B_zC_x - B_xC_z)j + (B_xC_y - B_yC_x)k\}$$
$$= A_x(B_yC_z - B_zC_y) + A_y(B_zC_x - B_xC_z)$$
$$+ A_z(B_xC_y - B_yC_x)$$
$$= A_x \begin{vmatrix} B_y & B_z \\ C_y & C_z \end{vmatrix} + A_y \begin{vmatrix} B_z & B_x \\ C_z & C_x \end{vmatrix} + A_z \begin{vmatrix} B_x & B_y \\ C_x & C_y \end{vmatrix}$$

最終的に $A \cdot (B \times C)$ は次のような行列式で示すことができる．

$$A \cdot (B \times C) = \begin{vmatrix} A_x & A_y & A_z \\ B_x & B_y & B_z \\ C_x & C_y & C_z \end{vmatrix} \tag{3・77}$$

$B \times C$ は $|B||C|\sin\theta$ の大きさのベクトルである．したがって，式 (3・77) はベクトル $A$ とベクトル $B \times C$ とのスカラ積であるので，スカラ量である．3 重積 $A \cdot (B \times C)$ は図 3・13 のようにベクトル $A, B, C$ が作る平行六面体の体積を意味している．

底面の面積： $|B||C|\sin\beta$

高さ： $|A|\cos\alpha$

であるので，この平行六面体の体積は次のように示される．

$$V = |B||C|\sin\beta \, |A|\cos\alpha$$

図 3・13 $A \cdot (B \times C)$

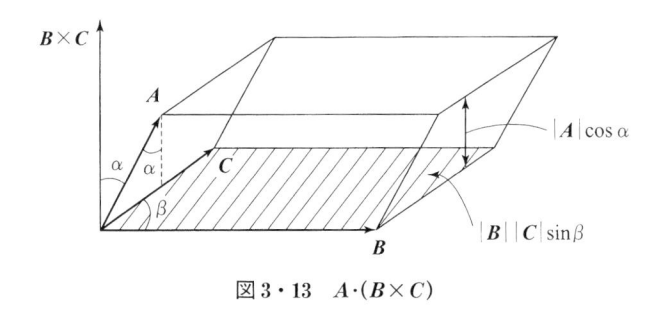

## 演習問題

1. ベクトル $A$ と $B$ が $A = i + k, \ B = j + k$ であるとき $|A|$ と $|B|$ および両ベクトルのなす角度 $\theta$ を求めよ．
2. ベクトルが前問と同じ $A$ と $B$ としたとき，スカラ積 $A \cdot B$，およびベクトル積 $A \times B$ を求めよ．
3. 行列 $[A]$ と $[B]$ を

$$[A] = \begin{bmatrix} 4 & -5 \\ 2 & 0 \\ -6 & 3 \end{bmatrix} \quad [B] = \begin{bmatrix} -1 & 0 \\ 0 & 7 \\ 2 & -5 \end{bmatrix}$$

としたとき，次の行列が求められれば求めよ．

$$[A]+[B], \ [A]-[B], \ [A]\cdot[B], \ \frac{[B]}{[A]}, \ \{[A]+[B]\}\cdot\{[A]-[B]\}$$

4. 行列 $[A]$ と $[B]$ を

$$[A] = \begin{bmatrix} -2 & 3 \\ 1 & 4 \end{bmatrix} \quad [B] = \begin{bmatrix} 1 & 2 & 3 \\ 2 & -2 & -4 \\ 3 & -4 & -3 \end{bmatrix}$$

としたとき，逆マトリクスが求められれば求めよ．

5．行列 $[A]$, $[B]$, $[C]$ が

$$[A] = \begin{bmatrix} 1 & 2 \\ 2 & 0 \\ 1 & 2 \end{bmatrix} \quad [B] = \begin{bmatrix} 1 & 2 & 3 \\ 2 & 0 & 6 \\ 1 & 1 & 1 \end{bmatrix} \quad [C] = \begin{bmatrix} 1 & 2 & 1 \\ 2 & 0 & 1 \end{bmatrix}$$

としたとき，$[A] \cdot [B]^{-1} \cdot [C]$ を求めよ．

6．次の連立方程式を逆マトリクスを用いて解け．

$$x_1 + 2x_2 + 3x_3 = 12$$
$$2x_1 - 2x_2 - 4x_3 = -14$$
$$3x_1 - 4x_2 - 3x_3 = -4$$

7．$A(\theta) = \begin{bmatrix} \cos\theta & \sin\theta \\ -\sin\theta & \cos\theta \end{bmatrix}$

としたとき，$A(\theta)^{-1}$ を求めよ．

8．$A(\theta) = \begin{bmatrix} \cos\theta & \sin\theta \\ -\sin\theta & \cos\theta \end{bmatrix}$

としたとき，$A(\theta_1) \cdot A(\theta_2)$ を求めよ．

9．図3・14の回路を満足する $I_1$, $I_2$, $I_3$ を含む独立した連立方程式を作り，それを行列で表し，行列の演算によって $I_1$, $I_2$, $I_3$ を求めよ．

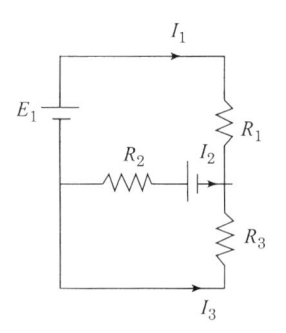

図3・14 電気回路

# 第4章 時間変化する関数の扱い方

## 4・1 周期的関数の位置付け

交流の電気回路では純粋に理想的波形として扱う場合が多く，その場合には電圧や電流は三角関数によって式では次のように，図形的には図4・1のように示される．

$$e = E_m \sin(\omega t) \tag{4・1}$$

$$i_1 = I_m \sin(\omega t) \tag{4・2}$$

電圧電流の関係が図4・2(a) に示すように，線形の素子であり，直線関係であれば図4・2(b) の $i_1$ のように電圧 $e$ に対し電流の関係は同相で，かつ相似形である．しかし，電圧と電流の関係が図4・2(a) のように直線関係であっても，素子がキャパシタやインダクタでは $i_2$, $i_3$ のような電圧と位相の異なる電流が流れる．

$$i_2 = I_m \sin(\omega t + \theta) \tag{4・3}$$

$$i_3 = I_m \sin(\omega t - \theta) \tag{4・4}$$

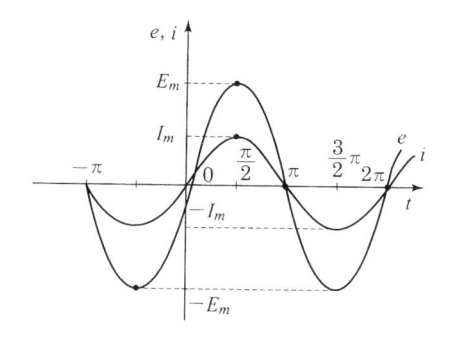

図4・1　正弦波波形

これらの電流は電圧に対して位相が $\theta$ だけ移動しているだけで，波形の形状はまったく同じである．このように電圧や電流は，三角関数で示され，その演算は三角関数の四則演算によって行うことができる．

一方，電子計算機や制御技術にとって重要な波形は図 4・3 のようなパルス波形であり，したがってパルス波形の式による表示も重要である．また，電子素子の中には図 4・4 や図 4・5 の (a) に示したように，電圧と電流が直線関係でなく，いわゆる非線形の素子の場合を考える．このような非線形素子に加え

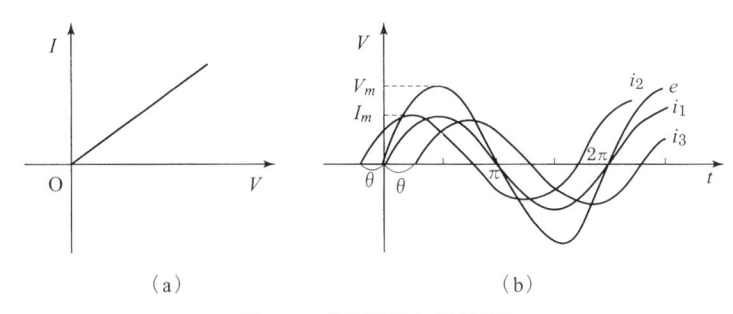

図 4・2　線形素子と交流波形

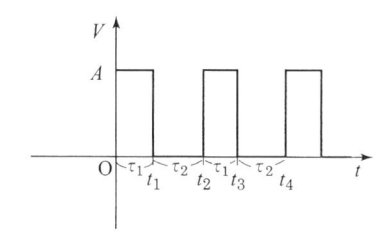

図 4・3　パルス波形

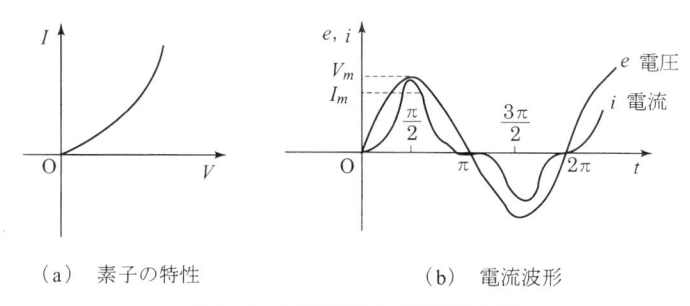

図 4・4　非線形素子と交流波形 (A)

る電圧が式(4・1)に示した理想的な正弦波電圧 $e$ であっても，流れる電流は図4・4および図4・5の(b)に示されるように正弦波がひずんだ波形となる．しかし，このような正弦波のひずんだ波形の電圧や電流—いわゆるひずみ波 (distorted wave)—もいろいろな計算をすることが必要な場合が多く，その場合には波形を式で表現することが不可欠である．

例えば簡単な例として，図4・6に示した $v_3$ の波形は明らかに正弦波ではない．しかし，$v_3$ は周期 $2\pi$ の周期関数(periodical function)である．

ここで，
$$v_1 = V_{m1}\sin\omega t$$
$$v_2 = V_{m2}\sin 3\omega t \tag{4・5}$$
としたとき
$$v_3 = v_1 + v_2 \tag{4・6}$$
と表現できる波形である．この様に波形が見掛け上 $v_3$ のように複雑な波形であっても，正弦波の和によって関数に表示できる場合が多くある．

周期関数を数式で表す方法としてフーリエ級数 (fourier series) がある．

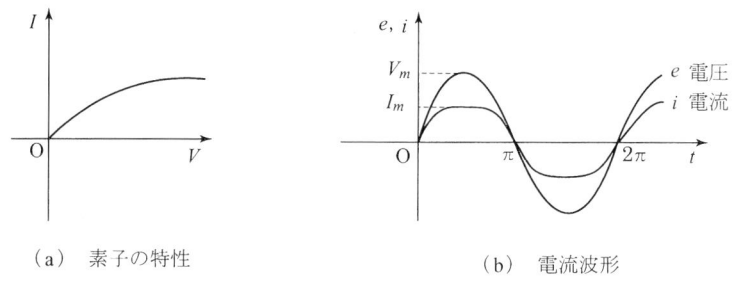

(a) 素子の特性　　　　(b) 電流波形

図4・5　非線形素子と交流波形(B)

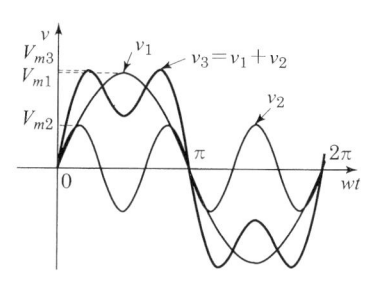

図4・6　正弦波と正弦波の和

フーリエ級数は何種類もの周波数の異なる三角関数の和で示される周期関数で，正弦波の無限級数である．任意の周期関数をフーリエ級数で表現することをフーリエ級数に展開するという．時間関数 $f(t)$ をフーリエ級数に展開するためには関数が周期関数であることが必要である．図4・7は時間 $T$ で同じ波形が繰り返す周期関数である．関数 $f(t)$ が周期関数である条件は次の式を満足していることである．

$$f(t) = f(t + nT) \qquad (4・7)$$

ここに，$t$ は時間，$n$ は整数であり，$T$ は周期，基本周期または最小周期と呼んでいる．この関数は時間 $T$ の周期で，同じ形の波が繰り返している．

ここでいう関数は電気的には交流の波形，音波の波形，パルス波形などがあるが，実際には理想的な正弦波からは想像できないような，図4・7のようなひずんだ波形を扱う場合の方が多い．波形が正弦波からのひずみが少ないときは近似的に正弦波として扱うが，ひずみが著しいときには正弦波として扱うことはできない．このような場合は周期と振幅が異なる理想的な正弦波の無限級数の和として表現し，すなわちフーリエ級数で表現する．図4・7に示したようなパルス波や三角波，または台形波等はいずれも視覚的に周期関数であり，これ等の波形は図形的に周期関数であることは明瞭に判定できる．この様な波形を関数式で表現する方法がフーリエ級数展開である．

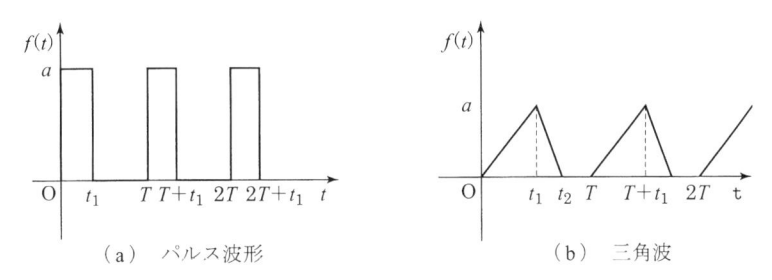

(a) パルス波形　　(b) 三角波

図4・7　周期関数

## 4・2　フーリエ級数

### (1) フーリエ級数による表示

フーリエ級数は式(4・7)に示されるような周期関数を正弦波の無限級数で示すことである．波形の成分の中で最も周波数の低い成分，すなわち基本波の周波数を $f$，角周波数を $\omega$ としたとき

であり，$f(t)$ は次のように示すことができる．

$$f(t) = a_0 + a_1\cos\omega t + a_2\cos 2\omega t + a_3\cos 3\omega t + \cdots + a_n\cos n\omega t$$
$$+ b_1\sin\omega t + b_2\sin 2\omega t + b_3\sin 3\omega t + \cdots + b_n\sin n\omega t$$
$$= a_0 + \sum(a_n\cos n\omega t + b_n\sin n\omega t) \tag{4・8}$$

$$\omega = 2\pi f = \frac{2\pi}{T}$$

この式を決定している各成分 $a_0$, $a_n$, $b_n$ をフーリエ係数と呼んでいる．式 (4・8) からわかるように，おのおのフーリエ係数は次のような意味の成分である．

- $a_0$ ： 定数項（時間的に変化しない成分で，電気的には直流成分）(DC componeut)
- $a_1$, $b_1$ ： 基本波項（最も周波数の低い基本波成分の最大値）(fundamental)
- $a_2$, $b_2$ ： 第 2 次高調波項（基本波の 2 倍の周波数成分の最大値）
- $a_n$, $b_n$ ： 第 $n$ 次高調波項（基本波の $n$ 倍の周波数成分の最大値）(higher harmonics)

ここで，同じ周波数の成分は次のように合成できる．

$$a\cdot\cos\omega t + b\cdot\sin\omega t = \sqrt{a^2+b^2}\cdot\sin(\omega t + \theta)$$

ただし，$\theta = \tan^{-1}(a/b)$ である．
したがって，式 (4・8) は次のように表すことができる．

$$f(t) = a_0 + \sum A_n\sin(n\omega t + \theta_n) \tag{4・9}$$

ここで，

$$A_n = \sqrt{a_n{}^2 + b_n{}^2}$$

$$\theta_n = \tan^{-1}\left(\frac{a_n}{b_n}\right)$$

波形に適合したフーリエ係数が決定できれば周期関数を式 (4・8) または式 (4・9) によって式で表示できたことになる．図形的に表現された波形を式で表現することをフーリエ級数に展開するという．

(2) フーリエ係数の決定

波形をフーリエ級数で表すことは波形に対応するフーリエ係数を決定することである．フーリエ係数 $a_0$, $a_n$, $b_n$ は一周期について積分できれば，求める

ことができる．

(a) $a_0$ の決定

式 (4・8) の両辺を $0 \sim T$ まで一周期にわたって積分する．

$$\int_0^T f(t)dt = a_0 \int_0^T dt + \Sigma a_n \int_0^T \cos n\omega t\, dt + \Sigma b_n \int_0^T \sin n\omega t\, dt$$

$$= a_0 T + \Sigma a_n \left[\frac{\sin n\omega t}{n\omega}\right]_0^T - \Sigma b_n \left[\frac{\cos n\omega t}{n\omega}\right]_0^T$$

ここで，$\sin n\omega t$ と $\cos n\omega t$ の 1 周期 ($0 \sim T$) の積分は

$$\int_0^T \sin n\omega t\, dt = \left[\left(-\frac{1}{n\omega}\right)\cos n\omega t\right]_0^T = 0$$

$$\int_0^T \cos n\omega t\, dt = \left[\left(\frac{1}{n\omega}\right)\sin n\omega t\right]_0^T = 0$$

となり，いずれも 0 になるので

$$\int_0^T f(t)\, dt = a_0 T$$

したがって，$a_0$ は次のように求められる．

$$a_0 = \frac{1}{T}\int_0^T f(t)dt \tag{4・10}$$

(b) $a_n$ の決定

式 (4・8) の両辺に $\cos m\omega t$ を乗じて，$0 \sim T$ まで一周期にわたって両辺を積分すると，

$$\int_0^T f(t)\cos m\omega t\, dt = a_0 \int_0^T \cos m\omega t\, dt$$

$$+ \Sigma a_n \int_0^T \cos n\omega t \cos m\omega t\, dt$$

$$+ \Sigma b_n \int_0^T \sin n\omega t \cos m\omega t\, dt \tag{4・11}$$

この式の右辺 3 項について積分を行うと，式 (4・11) の右辺第 1 項目の積分は

$$a_0 \int_0^T \cos m\omega t\, dt = 0$$

式 (4・11) の右辺第 2 項目の積分は

$$\int_0^T \cos n\omega t \cos m\omega t\, dt$$

① $n \neq m$ の時

$$\int_0^T \cos n\omega t \cos m\omega t\, dt$$

$$= \frac{1}{2}\int_0^T \{\cos(m+n)\omega t + \cos(m-n)\omega t\}dt$$

$$= \frac{1}{2}\left[\frac{\sin(m+n)\omega t}{(m+n)\omega} + \frac{\sin(m-n)\omega t}{(m-n)\omega}\right]_0^T = 0$$

② $n = m$ の時

$$\int_0^T \cos n\omega t \cos m\omega t \, dt$$

$$= \int_0^T \cos^2 n\omega t \, dt = \frac{1}{2}\int_0^T (1 + \cos 2n\omega t)dt$$

$$= \frac{1}{2}\left[t + \frac{\sin 2n\omega t}{2n\omega}\right]_0^T = \frac{T}{2} = \pi$$

式 (4・11) の右辺第 2 項目の積分は結果的に次のようになる．

$$\int_0^T \cos n\omega t \cos m\omega t \, dt = \frac{T}{2} \quad \cdots\cdots n = m \text{ の時} \tag{4・12}$$

次に式 (4・11) の右辺第 3 項目 $\int_0^T \sin n\omega t \cos m\omega t \, dt$ の積分は，

① $n \neq m$ の時

$$\int_0^T \sin n\omega t \cos m\omega t \, dt$$

$$= \frac{1}{2}\int_0^T \{\sin(n+m)\omega t + \sin(n-m)\omega t\}dt$$

$$= \frac{1}{2}\left[-\frac{\cos(n+m)\omega t}{(n+m)\omega} - \frac{\cos(n-m)\omega t}{(n-m)\omega}\right]_0^T = 0$$

② $n = m$ の時

$$\int_0^T \sin n\omega t \cos m\omega t \, dt$$

$$= \frac{1}{2}\int_0^T \sin 2n\omega t \, dt$$

$$= \frac{1}{2}\left[-\frac{\cos 2n\omega t}{2n\omega}\right]_0^T = 0$$

式 (4・11) の右辺第 3 項目の積分は結果的に次のようになる．

$$\int_0^T \sin n\omega t \cos m\omega t \, dt = 0 \tag{4・13}$$

したがって，式 (4・11) の積分は次のようになる．

$$\int_0^T f(t)\cos m\omega t \, dt = a_n \frac{T}{2}$$

結果として $a_n$ は次のようにして求めることができる．

$$a_n = \frac{2}{T}\int_0^T f(t)\cos n\omega t\, dt \tag{4・14}$$

(c) $b_n$ の決定

式 (4・8) の両辺に $\sin m\omega t$ を乗じて，$0 \sim T$ まで一周期にわたって両辺を積分すると

$$\int_0^T f(t)\sin m\omega t\, dt = a_0 \int_0^T \sin m\omega t\, dt$$
$$+ \Sigma a_n \int_0^T \cos n\omega t \sin m\omega t\, dt$$
$$+ \Sigma b_n \int_0^T \sin n\omega t \sin m\omega t\, dt \tag{4・15}$$

ここで $a_n$ の場合と同様に式 (4・15) の右辺第 1 項目の積分は

$$\int_0^T \sin m\omega t\, dt = 0$$

式 (4・15) の右辺第 2 項目の積分は式 (4・13) のように

$$\int_0^T \cos n\omega t \sin m\omega t\, dt = 0$$

式 (4・15) の右辺第 3 項目の積分は

① $n \neq m$ の時

$$\int_0^T \sin n\omega t \sin m\omega t\, dt$$
$$= \frac{1}{2}\int_0^T \{\cos(m-n)\omega t - \cos(m+n)\omega t\}dt$$
$$= \frac{1}{2}\left[\frac{\sin(m-n)\omega t}{(m-n)\omega} - \frac{\sin(m+n)\omega t}{(m+n)\omega}\right]_0^T = 0$$

② $n = m$ の時

$$\int_0^T \sin n\omega t \sin m\omega t\, dt$$
$$= \int_0^T \sin^2 n\omega t\, dt$$
$$= \frac{1}{2}\int_0^T (1 - \cos 2n\omega t)dt$$
$$= \frac{1}{2}\left[t - \frac{\sin 2n\omega t}{2n\omega}\right]_0^T = \frac{T}{2} = \pi$$

積分の結果は次のように求められる．

$$\int_0^T \sin n\omega t \sin m\omega t\, dt = \frac{T}{2} \quad \cdots\cdots n = m \text{ の時} \tag{4・16}$$

したがって，
$$\int_0^T f(t)\sin m\omega t\, dt = b_n \frac{T}{2}$$

結果的に $b_n$ は次のようにして求められる．
$$b_n = \frac{2}{T}\int_0^T f(t)\sin n\omega t\, dt \tag{4・17}$$

以上のようにしてフーリエ係数 $a_0$, $a_n$, $b_n$ は $f(t)$ が $0 \sim T$ の間の積分で求められる．フーリエ係数をまとめると以下の通りである．

$$a_0 = \frac{1}{T}\int_0^T f(t)dt \tag{4・10}$$

$$a_n = \frac{2}{T}\int_0^T f(t)\cos n\omega t\, dt \tag{4・14}$$

$$b_n = \frac{2}{T}\int_0^T f(t)\sin n\omega t\, dt \tag{4・17}$$

求められたフーリエ係数を式(4・8)に代入すれば波形がフーリエ級数に展開できたこととなる．

## 4・3 波形の関数形とフーリエ係数

波形をフーリエ級数に展開することは三つのフーリエ係数 $a_0$, $a_n$, $b_n$ を求めることである．しかし，波形が特殊な関数であれば，フーリエ係数のいずれかは0であることが明らかな場合がある．ここで対象となる特殊な関数としては偶関数，奇関数および対称波である．

### （1） 偶関数の波形

図4・8に示した波形は
$$f(t) = f(-t) \tag{4・18}$$
の関係にあり，この関数系であることを偶関数(even function)という．した

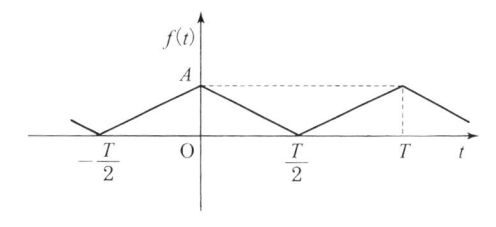

図4・8 偶 関 数

がって，偶関数であることは，
$$f(t) - f(-t) = 0$$
であるので，式 (4・8) に $t$ と $-t$ を代入し，その差を求めると
$$f(t) - f(-t) = 2\sum b_n \sin n\omega t = 0$$
時間 $t$ に関わらず，この関係が常に成立するためには
$$b_n = 0$$
が必要条件である．

フーリエ係数 $a_0$, $a_n$, $b_n$ のうち $b_n=0$ であることは，$f(t)$ には $\sin n\omega t$ の項は存在しないことを示している．したがって，関数が偶関数であることが判定できれば，フーリエ係数 $b_n$ は 0 であり，フーリエ係数 $a_0$, $a_n$ だけを求めればフーリエ級数に展開できることになる．このことは，$\cos n\omega t$ は偶関数波であるが，$\sin n\omega t$ は偶関数波ではないことを考慮すれば，$\sin n\omega t$ の係数 $b_n=0$ は当然のことである．

### （2） 奇関数の波形

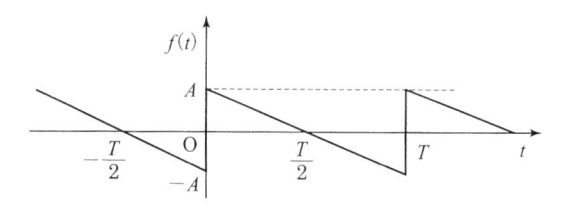

図4・9 奇 関 数

図 4・9 に示した波形は
$$f(t) = -f(-t) \tag{4・19}$$
の関係にあり，この関数を奇関数という．奇関数 (odd function) であることは，
$$f(t) + f(-t) = 0$$
であるので，式 (4・8) に $t$ と $-t$ を代入し，その和を求めると
$$f(t) + f(-t) = 2a_0 + 2\sum a_n \cos n\omega t = 0$$
時間 $t$ に関わらず，この式が常に成立するためには
$$a_0 = 0$$
$$a_n = 0$$

が必要条件である.

フーリエ係数 $a_0$, $a_n$, $b_n$ のうち $a_0=0$, $a_n=0$ であることは $f(t)$ には定数項と $\cos n\omega t$ の項は存在しないことを示す.したがって,関数が奇関数であることがわかれば,フーリエ係数 $a_0=a_n=0$ であり,フーリエ係数のうち $b_n$ だけを求めれば,フーリエ級数に展開できる.ここでも,$\sin n\omega t$ 波は奇関数波であるが,$a_0$ も $\cos n\omega t$ も奇関数波ではないので,$a_0=a_n-0$ は当然のことである.

(3) 対称波の波形

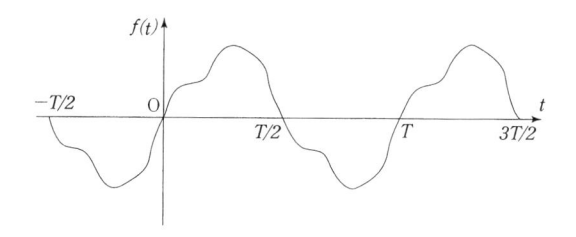

**図4・10 対 称 波**

図4・10に示した波形は
$$f\left(t+\frac{T}{2}\right) = -f(t) \tag{4・20}$$
の関係にあり,この関数を対称関数(symmetrical function)という.対称関数であることは,
$$f\left(t+\frac{T}{2}\right) + f(t) = 0$$
であり,式(4・8)に $t+T/2$ および $t$ を代入して計算すると
$$f\left(t+\frac{T}{2}\right) + f(t)$$
$$= 2a_0 + \sum a_n\left[\sin(n\omega t + \theta_n) + \sin\left\{n\omega\left(t+\frac{T}{2}\right) + \theta_n\right\}\right]$$
時間 $t$ のいかんに関わらずこの式が成立するためには
$$a_0 = 0, \quad n = 2m-1 \quad (n は奇数)$$
が必要条件である.

このことは定数項 $a_0$ と $a_n$ の偶数項は存在しないことを示している.したがって,関数が対称関数であると判定できれば,$f(t)$ はフーリエ係数 $b_n$ と $a_n$

の奇数項のみを含む式で示されることになる．

## 4・4 代表的な波形のフーリエ級数展開

フーリエ級数は次の式で示された．

$$f(x) = a_0 + \sum a_n \cos n\omega t + \sum b_n \sin n\omega t \qquad (4・21)$$

以下に幾つかの代表的な波形のフーリエ係数を求め，フーリエ級数展開の具体的な方法をを示す．

### （1） 矩形波のフーリエ級数展開

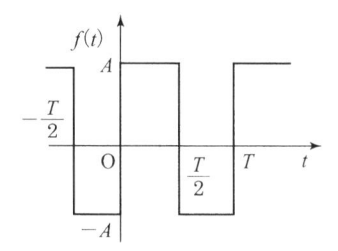

図4・11 矩 形 波

図4・11に示された矩形波は原点に対して対称であり，$f(t) = -f(-t)$ の関係にあるので奇関数である．

したがって，$a_0 = 0$，$a_n = 0$ である．フーリエ係数 $b_n$ を式(4・17)によって求める．

$$b_n = \frac{2}{T} \int_0^T f(t) \sin n\omega t \, dt$$

ここで，1周期($0 \sim T$)における $f(t)$ の関数式は

$$\begin{cases} f(t) = A & \cdots\cdots 0 \leq t \leq \dfrac{T}{2} \\ f(t) = -A & \cdots\cdots \dfrac{T}{2} \leq t \leq T \end{cases}$$

である．したがって，$f(t)$ について $t$ が $0 \leq t \leq T/2$ の区間と $T/2 \leq t \leq T$ の区間に分けて積分する．

$$b_n = \frac{2}{T} \int_0^T f(t) \sin n\omega t \, dt$$

$$= \frac{2}{T}\left\{\int_0^{\frac{T}{2}} f(t)\sin n\omega t + \int_{\frac{T}{2}}^{T} f(t)\sin n\omega t\right\} dt$$

$$= \frac{2}{T}\left\{\int_0^{\frac{T}{2}} A\sin n\omega t dt - \int_{\frac{T}{2}}^{T} A\sin n\omega t dt\right\}$$

$$= \frac{4}{T}\int_0^{\frac{T}{2}} A\sin n\omega t \, dt$$

$$= \frac{4A}{T}\cdot\frac{1}{n\omega}\Big[-\cos n\omega t\Big]_0^{\frac{T}{2}}$$

$$= \frac{4A}{2n\pi}(-\cos n\pi + 1)$$

$$= \frac{4A}{n\pi} \quad \cdots\cdots n \text{ が奇数の時}$$
$$= 0 \quad \cdots\cdots n \text{ が偶数の時} \tag{4・22}$$

ここに求めた $b_n$ を式 (4・8) に代入して，$f(t)$ は次のように得られる．

$$f(t) = \sum b_n \sin n\omega t$$
$$= \frac{4A}{\pi}\left(\sin\omega t + \frac{1}{3}\cdot\sin 3\omega t + \frac{1}{5}\cdot\sin 5\omega t + \cdots\right) \tag{4・23}$$

この式が図 4・11 の波形をフーリエ級数展開した式である．この解は次のように示すこともできる．

$$f(t) = \left(\frac{4A}{\pi}\right)\sum\frac{1}{2n-1}\sin(2n-1)\omega t \tag{4・24}$$

また，図 4・11 の矩形波は奇関数であると同時に

$$f(t) = f\left(t + \frac{T}{2}\right)$$

の関係にあり，対称波でもある．したがって，$a_0 = a_n = 0$ であり，$b_n$ の偶数項は 0 であることをも示している．

**（2） 図 4・12 に示した矩形波のフーリエ級数展開**

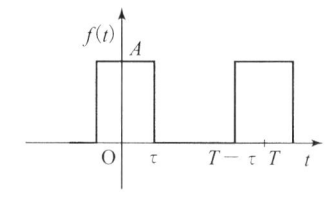

図 4・12 矩 形 波

この矩形波は $f(t)=f(-t)$ で，偶関数であるので
$$b_n = 0$$
したがって，フーリエ係数 $a_0$, $a_n$ を求める．

一周期（$0 \sim T$）における $f(t)$ の関数式は
$$\begin{cases} f(t) = A & \cdots\cdots \quad 0 \leqq t \leqq \tau \\ \quad\;\; = 0 & \cdots\cdots \quad \tau \leqq t \leqq T-\tau \\ \quad\;\; = A & \cdots\cdots \quad T-\tau \leqq t \leqq T \end{cases}$$
したがって，フーリエ係数 $a_0$ は式 (4・10) により次のように求めることができる．
$$\begin{aligned} a_0 &= \frac{1}{T}\int_0^T f(t)dt \\ &= \frac{1}{T}\left\{\int_0^\tau A dt + \int_\tau^{T-\tau} 0 dt + \int_{T-\tau}^T A dt\right\} \\ &= \frac{2}{T}\int_0^\tau A dt = \frac{2}{T}[At]_0^\tau \\ &= \frac{A\tau}{\pi} \end{aligned}$$
次にフーリエ係数 $a_n$ は式 (4・14) により求めることができる．
$$\begin{aligned} a_n &= \frac{2}{T}\left\{\int_0^\tau A\cos n\omega t\, dt + \int_\tau^{T-\tau} 0\cos n\omega t\, dt \right. \\ &\quad \left. + \int_{T-\tau}^T A\cos n\omega t\, dt\right\} \\ &= \frac{4}{T}\int_0^\tau A\cos n\omega t\, dt \\ &= \frac{4A}{T}\cdot\frac{1}{n\omega}[\sin n\omega t]_0^\tau \\ &= \frac{2A}{n\pi}(\sin n\omega\tau) \end{aligned}$$
フーリエ係数 $a_0$ と $a_n$ が求まったので，式 (4・8) よりフーリエ級数 $f(t)$ が得られる．
$$\begin{aligned} f(t) &= \frac{A\tau}{\pi} + \frac{2A}{\pi}\left\{\sin\omega\tau\cdot\cos\omega t + \left(\frac{1}{2}\right)\sin 2\omega\tau\cdot\cos 2\omega t \right. \\ &\quad \left. + \left(\frac{1}{3}\right)\sin 3\omega\tau\cdot\cos 3\omega t + \cdots\right\} \end{aligned} \qquad (4\cdot 25)$$
この結果は次のように表現することもできる．

$$f(t) = \frac{A\tau}{\pi} + \frac{2A}{\pi}\Sigma\frac{1}{n}(\sin n\omega\tau \cdot \cos n\omega t)$$

**(3) 三角波のフーリエ級数展開**

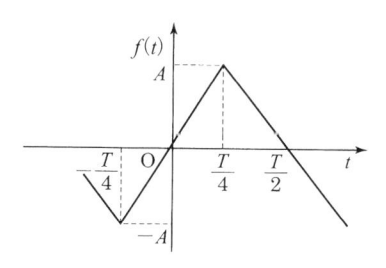

図 4・13　三　角　波

図 4・13 の三角波は $f(t)=-f(-t)$ であり，また，$f(t+T/2)=-f(t)$ でもあるので，奇関数かつ対称波である．したがって

$a_0 = 0$

$a_n = 0$

$b_n =$ 奇数項のみ

フーリエ係数 $b_n$ の奇数項 $b_{2n-1}$ を式 (4・17) によって求める．

一周期 ($0 \sim T$) における $f(t)$ の関数式は各時間領域によって，次のように表される．

$$\begin{cases} f(t) = \left(\frac{4A}{T}\right)t & \cdots\cdots \quad 0 \leqq t \leqq \frac{T}{4} \\ \quad = 2A - \left(\frac{4A}{T}\right)t & \cdots\cdots \quad \frac{T}{4} \leqq t \leqq \frac{3T}{4} \\ \quad = -4A + \left(\frac{4A}{T}\right)t & \cdots\cdots \quad \frac{3T}{4} \leqq t \leqq T \end{cases}$$

したがって，フーリエ係数 $b_n$ の奇数項 $b_{2n-1}$ は式 (4・17) により

$$\begin{aligned} b_{2n-1} &= \frac{2}{T}\Big\{\int_0^{\frac{T}{4}} f(t)\sin(2n-1)\omega t\, dt + \int_{\frac{T}{4}}^{\frac{3T}{4}} f(t)\sin(2n-1)\omega t\, dt \\ &\quad + \int_{\frac{3T}{4}}^{T} f(t)\sin(2n-1)\omega t\, dt\Big\} \\ &= \frac{8}{T}\int_0^{\frac{T}{4}} f(t)\sin(2n-1)\omega t\, dt \end{aligned}$$

この式に $f(t)=(4A/T)t$ を代入して

$$b_{2n-1} = \frac{32A}{T^2} \cdot \int_0^{\frac{T}{4}} t \cdot \sin(2n-1)\omega t\, dt$$

$$= \frac{32A}{T^2} \cdot \int_0^{\frac{T}{4}} t \left\{ \frac{\cos(2n-1)\omega t}{(2n-1)\omega} \right\}' dt$$

$$= \frac{32A}{T^2} \left\{ \frac{\sin(2n-1)\frac{\pi}{2}}{(2n-1)^2\omega^2} - \frac{\frac{T}{4}\cos(2n-1)\frac{\pi}{2}}{(2n-1)\omega} \right\}$$

$$b_{2n-1} = \frac{32A}{T^2(2n-1)^2\omega^2} \cdot (-1)^n$$

$$= \frac{8A(-1)^n}{(\pi^2)(2n-1)^2}$$

$b_{2n-1}$ を式 (4・8) に代入し，フーリエ級数展開式が得られる．

$$f(t) = \frac{8A}{\pi^2}\left(\sin\omega t - \frac{1}{3^2}\cdot\sin 3\omega t + \frac{1}{5^2}\cdot\sin 5\omega t \right.$$
$$\left. - \frac{1}{7^2}\cdot\sin 7\omega t + \cdots \right) \quad (4・26)$$

この式は次のように表すこともできる．

$$f(t) = \frac{8A}{\pi^2}\sum(-1)^{n-1}\left\{\frac{1}{(2n-1)^2}\right\}\cdot\sin(2n-1)\omega t$$

### （4） 半波整流波のフーリエ級数展開

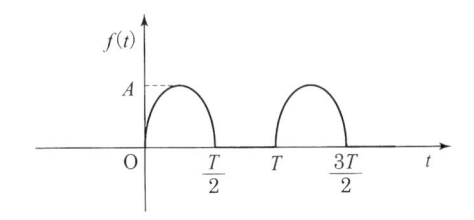

図4・14 半波整流波

図 4・14 は半波整流波である．この関数系は偶関数，奇関数，対称波のいずれにも相当しない．したがって，フーリエ係数 $a_0$, $a_n$, $b_n$ すべてを求める必要がある．

波形の各時間領域における関数は次のようである．

$$\begin{cases} f(t) = A\sin\omega t & \cdots\cdots \quad 0 \leq t \leq \dfrac{T}{2} \\ \quad\;\; = 0 & \cdots\cdots \quad \dfrac{T}{2} \leq t \leq T \end{cases}$$

フーリエ係数 $a_0$ は式 (4・10) により次のように求めることができる．

$$\begin{aligned} a_0 &= \frac{1}{T}\int_0^T f(t)dt \\ &= \frac{1}{T}\left\{\int_0^{\frac{T}{2}} A\sin\omega t\, dt + \int_{\frac{T}{2}}^T 0\, dt\right\} \\ &= \frac{A}{\pi} \end{aligned}$$

フーリエ係数 $a_n$ は式 (4・14) により次のように求められる．

$$\begin{aligned} a_n &= \frac{2}{T}\int_0^{\frac{T}{2}} f(t)\cos n\omega t\, dt \\ &= \frac{2}{T}\int_0^{\frac{T}{2}} A\cdot\sin\omega t\cdot\cos n\omega t\, dt \\ &= \frac{A}{T}\int_0^{\frac{T}{2}} \{\sin(n+1)\omega t - \sin(n-1)\omega t\}dt \\ &= \frac{A}{2\pi}\left\{\frac{\cos(n-1)\pi}{n-1} - \frac{\cos(n+1)\pi}{n+1} + \frac{1}{n+1} - \frac{1}{n-1}\right\} \end{aligned}$$

$n$ が偶数のときは

$$\begin{aligned} a_n &= \frac{A}{\pi}\left\{\frac{1}{n+1} - \frac{1}{n-1}\right\} \\ &= -\frac{2A}{\pi(n+1)(n-1)} \end{aligned}$$

フーリエ係数 $b_n$ は式 (4・17) により次のように求められる．

$$\begin{aligned} b_n &= \frac{2}{T}\int_0^{\frac{T}{2}} f(t)\sin n\omega t dt \\ &= \frac{2}{T}\int_0^{\frac{T}{2}} A\cdot\sin\omega t\cdot\sin n\omega t dt \\ &= \frac{A}{T}\int_0^{\frac{T}{2}} \{\cos(n-1)\omega t - \cos(n+1)\omega t\}dt \end{aligned}$$

ここで $b_n$ は $n$ の値によって，次のようになる．

a) $n \neq 1$ では

$$b_n = 0$$

b) $n=1$ では
$$b_1 = \frac{2A}{T}\int_0^{\frac{T}{2}} \frac{1}{2}\{1 - \cos 2\omega t\}dt$$
$$= \frac{A}{2}$$

ここで求めた，$a_0$，$a_n$，$b_n$ を式 (4・8) に代入するとフーリエ級数展開した式は

$$f(t) = \frac{A}{\pi} - \frac{2A}{\pi}\left\{\frac{1}{(1\cdot 3)}\cos 2\omega t + \frac{1}{(3\cdot 5)}\cos 4\omega t \right.$$
$$\left. + \frac{1}{(5\cdot 7)}\cos 6\omega t + \cdots\right\} + \frac{A}{2}\sin \omega t \qquad (4\cdot 27)$$

この展開式は次のように表すこともできる．

$$f(t) = \frac{A}{\pi} + \frac{A}{2}\cdot \sin \omega t - \frac{2A}{\pi}\sum\left\{\frac{1}{(2n-1)(2n+1)}\right\}\cos 2n\omega t$$

## 4・5 ラプラス変換

対数関数は関数の積や指数関数を和や積の演算で行える計算手法である．これと同様に，微分方程式を簡単な代数計算により解くことができる方法として演算子法がある．各種の演算子法の中で最もよく使われているのがラプラス変換 (Laplace transformation) である．電気回路等の解法に適用する場合には条件を満足するように，次の手順で解を求める．(1) 回路方程式の構成 ($t$ 関数に表示)，(2) 方程式のラプラス変換 ($s$ 関数に変換)，(3) $s$ 関数式の演算による解の導出 (初期条件を入れて解く)，(4) 逆ラプラス変換 ($s$ 関数式の $t$ 関数への変換)．

### (1) ラプラス変換の定義

関数 $f(t)$ に $e^{-st}$ を乗じ，次のように積分する．

$$F(s) = \int_0^\infty f(t)e^{-st}dt \qquad (4\cdot 28)$$
$$= \mathscr{L}\{f(t)\}$$

$f(t)$ にこのような演算をすることを，$f(t)$ をラプラス変換するという．$f(t)$ をラプラス変換した関数は $F(s)$ と示し，記号 $\mathscr{L}\{f(t)\}$ または $\tilde{f}(s)$ と表現する．記号 $\mathscr{L}$ をラプラス変換演算子 (Laplace transformation operator) と

呼んでいる．

ここに $f(t)$ は $t$ 関数，表関数または原関数等と呼んでいる．また，$F(s)$ は $s$ 関数，裏関数または像関数と呼んでいる．ここで用いた記号 $s$ は複素変数である．

### （2） 基本的なラプラス変換
**（a）　定数のラプラス変換**

定数 $A$ を定義式 (4・28) にしたがってラプラス変換する．

$$\mathscr{L}\{f(t)\} = \mathscr{L}\{A\} = \int_0^\infty A e^{-st} dt$$

$$= A\left[-\frac{1}{s} \cdot e^{-st}\right]_0^\infty$$

$$= \frac{A}{s} \tag{4・29}$$

**（b）　指数関数のラプラス変換**

指数関数 $e^{-at}$ を定義式 (4・28) にしたがってラプラス変換する．

$$\mathscr{L}\{e^{-at}\} = \int_0^\infty e^{-at} e^{-st} dt = \int_0^\infty e^{-(a+s)t} dt$$

$$= \left[-\frac{1}{a+s} \cdot e^{-(a+s)t}\right]_0^\infty$$

$$= \frac{1}{a+s} \tag{4・30}$$

**（c）　三角関数のラプラス変換**

オイラーの公式より

$$\cos \omega t = \frac{1}{2}(e^{j\omega t} + e^{-j\omega t})$$

$$\sin \omega t = \frac{1}{2j}(e^{j\omega t} - e^{-j\omega t}) \tag{4・31}$$

のように，いずれも指数関数で表されるので，定義式により $\cos \omega t$，$\sin \omega t$ は次のようにラプラス変換できる．

$$\mathscr{L}\{\cos \omega t\} = \mathscr{L}\left\{\frac{1}{2}(e^{j\omega t} + e^{-j\omega t})\right\}$$

$$= \frac{1}{2}\left[\frac{1}{s-j\omega} + \frac{1}{s+j\omega}\right]$$

$$= \frac{s}{s^2 + \omega^2} \quad (4 \cdot 32)$$

$$\mathscr{L}\{\sin \omega t\} = \mathscr{L}\left\{\left(\frac{1}{2j}\right)(e^{j\omega t} - e^{-j\omega t})\right\}$$

$$= \frac{1}{2j}\left[\frac{1}{s - j\omega} - \frac{1}{s + j\omega}\right]$$

$$= \frac{\omega}{s^2 + \omega^2} \quad (4 \cdot 33)$$

（**d**） 三角関数と指数関数の積のラプラス変換

関数 $e^{-at}\sin \omega t$，$e^{-at}\cos \omega t$ および $\sin(\omega t + \phi)$ については次のようにラプラス変換できる．

$$\mathscr{L}\{e^{-at}\sin \omega t\} = \int_0^\infty e^{-at}e^{-st}\sin \omega t \, dt$$

$$= \int_0^\infty \left[\left(\frac{1}{2j}\right)e^{-(a+s)t}(e^{j\omega t} - e^{-j\omega t})\right]dt$$

$$= \int_0^\infty \left[\left(\frac{1}{2j}\right)(e^{-(a+s-j\omega)t} - e^{-(a+s+j\omega)t})\right]dt$$

$$= \left(\frac{1}{2j}\right)\left[\frac{1}{a + s - j\omega} - \frac{1}{a + s + j\omega}\right]$$

$$= \frac{\omega}{(a+s)^2 + \omega^2} \quad (4 \cdot 34)$$

$$\mathscr{L}\{e^{-at}\cos \omega t\} = \int_0^\infty e^{-at}e^{-st}\cos \omega t \, dt$$

$$= \int_0^\infty \left[\left(\frac{1}{2}\right)e^{-(a+s)t}(e^{j\omega t} + e^{-j\omega t})\right]dt$$

$$= \int_0^\infty \left[\left(\frac{1}{2}\right)(e^{-(a+s-j\omega)t} + e^{-(a+s+j\omega)t})\right]dt$$

$$= \frac{1}{2}\left[\frac{1}{a + s - j\omega} + \frac{1}{a + s + j\omega}\right]$$

$$= \frac{s + a}{(a+s)^2 + \omega^2} \quad (4 \cdot 35)$$

また，$\sin(\omega t + \phi)$ のラプラス変換は

$$\mathscr{L}\{\sin(\omega t + \phi)\} = \mathscr{L}\{\cos \phi \cdot \sin \omega t + \sin \phi \cdot \cos \omega t\}$$

$$= \cos \phi \cdot \mathscr{L}\sin \omega t + \sin \phi \cdot \mathscr{L}\cos \omega t$$

三角関数のラプラス変換は式 (4・32) と式 (4・33) のように求められているので，

$$\mathscr{L}\{\sin(\omega t + \phi)\} = \frac{\cos\phi \cdot \omega}{s^2 + \omega^2} + \frac{\sin\phi \cdot s}{s^2 + \omega^2} \tag{4・36}$$

**（e） 双曲線関数のラプラス変換**

双曲線関数と指数関数との関係は

$$\cosh \omega t = \frac{1}{2}(e^{\omega t} + e^{-\omega t})$$

$$\sinh \omega t = \frac{1}{2}(e^{\omega t} - e^{-\omega t})$$

であるので，$\cosh \omega t$，$\sinh \omega t$ のラプラス変換は次のように求められる．

$$\begin{aligned}
\mathscr{L}\{\cosh \omega t\} &= \mathscr{L}\left\{\frac{1}{2}(e^{\omega t} + e^{-\omega t})\right\} \\
&= \frac{1}{2}\left[\frac{1}{s-\omega} + \frac{1}{s+\omega}\right] \\
&= \frac{s}{s^2 - \omega^2}
\end{aligned} \tag{4・37}$$

$$\begin{aligned}
\mathscr{L}\{\sinh \omega t\} &= \mathscr{L}\left\{\frac{1}{2}(e^{\omega t} - e^{-\omega t})\right\} \\
&= \frac{1}{2}\left[\frac{1}{s-\omega} - \frac{1}{s+\omega}\right] \\
&= \frac{\omega}{s^2 - \omega^2}
\end{aligned} \tag{4・38}$$

**（3） 微分や積分のラプラス変換**

**（a） 微分のラプラス変換**

関数 $y(t)$ の1階微分 $(dy/dt)$ のラプラス変換をする．

部分積分の公式は次式のようである．

$$\int f(t)g'(t)dt = f(t)g(t) - \int f'(t)g(t)dt \tag{4・39}$$

また $y(t)$ のラプラス変換を $\mathscr{L}\{y(t)\} = Y(s)$ とする．

微分，$dy/dt$ をラプラス変換の定義式（4・28）にしたがえば

$$\begin{aligned}
\mathscr{L}\left\{\frac{dy}{dt}\right\} &= \int_0^\infty e^{-st}\left(\frac{dy}{dt}\right)dt \\
&= [e^{-st}y(t)]_0^\infty - \int_0^\infty (-s)e^{-st}y(t)dt \\
&= -y(0) + s\int_0^\infty e^{-st}y(t)dt
\end{aligned}$$

$$= sY(s) - y(0) \tag{4・40}$$

ここに，$y(0)$ は関数 $y(t)$ に $t=0$ を代入したものである．

次に，関数 $y(t)$ の 2 階微分，$d^2y/dt^2$ のラプラス変換をする．
$dy/dt$ のラプラス変換が $\mathscr{L}\{y'(t)\}=sY(s)-y(0)$ であることを適用すると

$$\begin{aligned}
\mathscr{L}\left\{\frac{d^2y}{dt^2}\right\} &= \mathscr{L}\{y''(t)\} \\
&= \int_0^\infty e^{-st}\left(\frac{d^2y}{dt^2}\right)dt \\
&= s\mathscr{L}\{y'(t)\} - y'(0) \\
&= s[sY(s) - y(0)] - y'(0) \\
&= s^2 Y(s) - sy(0) - y'(0)
\end{aligned} \tag{4・41}$$

同様に 3 階微分，$d^3y/dt^3$ のラプラス変換は

$$\mathscr{L}\left\{\frac{d^3y}{dt^3}\right\} = s^3 Y(s) - s^2 y(0) - sy'(0) - y''(0) \tag{4・42}$$

(b) 積分のラプラス変換

積分，$f(t)=\int_0^t y(t)dt$ のラプラス変換は定義に基づいて次のように求めることができる．

$$\begin{aligned}
\mathscr{L}\{f(t)\} &= \int_0^\infty \left[\int_0^t y(t)dt + y^{-1}(0)\right]e^{-st}dt \\
&= \int_0^\infty \left[\int_0^t y(t)dt\right]e^{-st}dt + \int_0^\infty y^{-1}(0)e^{-st}dt \\
&= \left[-\frac{1}{s} \cdot e^{-st}\int_0^t y(t)dt\right]_0^\infty \\
&\quad - \int_0^\infty \left[-\frac{1}{s} \cdot e^{-st}y(t)\right]dt + \frac{1}{s} \cdot y^{-1}(0) \\
&= \frac{1}{s} \cdot Y(s) + \frac{1}{s} \cdot y^{-1}(0)
\end{aligned} \tag{4・43}$$

(4) その他の使用頻度の高いラプラス変換

$$\begin{aligned}
\mathscr{L}\{t\} &= \int_0^\infty te^{-st}dt \\
&= \left[-\frac{t}{s} \cdot e^{-st}\right]_0^\infty + \int_0^\infty \frac{1}{s} \cdot e^{-st}dt \\
&= \frac{1}{s}\int_0^\infty e^{-st}dt = \frac{1}{s^2}
\end{aligned} \tag{4・44}$$

$$\mathscr{L}\{t^2\} = \int_0^\infty t^2 e^{-st} dt$$
$$= \left[-\frac{t^2}{s} \cdot e^{-st}\right]_0^\infty + \int_0^\infty \frac{2t}{s} \cdot e^{-st} dt$$
$$= \frac{2}{s^3} \tag{4・45}$$

$$\mathscr{L}\{t^n\} = \int_0^\infty t^n e^{-st} dt = \frac{n!}{s^{n+1}} \tag{4・46}$$

$$\mathscr{L}\{t \cdot \sin\omega t\} = \frac{2\omega s}{(s^2 + \omega^2)^2} \tag{4・47}$$

$$\mathscr{L}\{te^{at}\} = \frac{1}{(s-a)^2} \tag{4・48}$$

$$\mathscr{L}\{t^n e^{at}\} = \frac{n!}{(s-a)^{n+1}} \tag{4・49}$$

$$\mathscr{L}\{f(t)e^{at}\} = F(s-a) \tag{4・50}$$

$$\mathscr{L}\{f(at)\} = \frac{1}{a} \cdot F\left(\frac{s}{a}\right) \tag{4・51}$$

## 4・6 電気回路とラプラス変換

### (1) 抵抗 (**R**) の回路
図4・15(a) の回路では次の式が成立する．
$$v(t) = Ri(t) \tag{4・52}$$
これをラプラス変換すると次の様に示すことができる．
$$V(s) = RI(s)$$

### (2) インダクタンス (**L**) の回路
図4・15(b) の回路では次の式が成立する．

（a）抵抗　　（b）インダクタンス　　（c）キャパシタンス

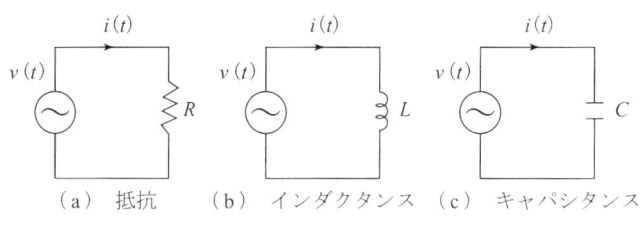

**図4・15　電気回路**

$$v(t) = L\frac{di(t)}{dt} \tag{4・53}$$

この微分を含んだ式をラプラス変換すると，

$$V(s) = L\{sI(s) - i(0)\} \tag{4・54}$$

と示される．

また，式 (4・53) を変形すると，次の積分を含んだ式となる．

$$i(t) = \frac{1}{L}\int v(t)dt + i(0) \tag{4・55}$$

これをラプラス変換すると

$$I(s) = \frac{1}{Ls} \cdot V(s) + \frac{1}{s} \cdot i(0)$$

この式は式 (4・54) と同じである．

### (3) キャパシタ ($C$) の回路

図 4・15(c) の回路では次の式が成立する．

$$i(t) = \frac{dq}{dt} = C\frac{dv(t)}{dt} \tag{4・56}$$

この微分を含んだ式をラプラス変換すると次のように示される．

$$I(s) = CsV(s) - Cv(0)$$

また，図 4・15(c) は

$$v(t) = \frac{1}{C} \cdot \int i(t)dt + v(0)$$

と表すことができ，この積分を含んだ式をラプラス変換すると，次のようになる．

$$V(s) = \frac{1}{Cs} \cdot I(s) + \frac{1}{s} \cdot v(0)$$

## 4・7 逆ラプラス変換

次のように，ラプラス変換した関数 $F(s)$ に $e^{ts}$ を乗じて積分し，$f(t)$ を求める演算を逆ラプラス変換 (inverse Laplace transformation) という．

$$f(t) = \frac{1}{2\pi j}\int_{c-j\infty}^{c+j\infty} F(s)e^{ts}ds \tag{4・57}$$

このように $F(s)$ を逆ラプラス変換する演算を

$$\mathscr{L}^{-1}\{F(s)\} = f(t) \tag{4・58}$$

のように表現する．$\mathscr{L}^{-1}$ は逆ラプラス演算子(inverse Laplace transformation operator)である．すなわち，$f(t)$ より $F(s)$ を求める演算がラプラス変換であり，$F(s)$ より $f(t)$ を求める演算が逆ラプラス変換である．

すなわち，逆ラプラス変換は $s$ 関数 $F(s)$ に上記の演算を施し，$t$ 関数に変換する演算である．

主要な関数のラプラス変換および逆ラプラス変換の関係は巻末に示す．ここでは他に逆ラプラス変換を行う上で必要な性質について次に述べる．

## （1） 線 形 性

$$\mathscr{L}^{-1}\{a_1F_1(s) + a_2F_2(s)\} = \mathscr{L}^{-1}\{a_1F_1(s)\} + \mathscr{L}^{-1}\{a_2F_2(s)\} \quad (4・59)$$

## （2） 移動性とスケール

$\mathscr{L}^{-1}\{F(s)\} = f(t)$ としたとき

$$\mathscr{L}^{-1}\{F(s - a)\} = e^{at}f(t) \quad (4・60)$$

$$\mathscr{L}^{-1}\{e^{-as}F(s)\} = f(t - a) \quad (4・61)$$

$$\mathscr{L}^{-1}\{F(as)\} = \frac{1}{a} \cdot f\left(\frac{t}{a}\right) \quad (4・62)$$

## （3） 微分と積分

$\mathscr{L}^{-1}\{F(s)\} = f(t)$ としたとき

$$\mathscr{L}^{-1}\{F^n(s)\} = (-1)^n t^n f(t) \quad (4・63)$$

$$\mathscr{L}^{-1}\left\{\int_0^\infty F(s)ds\right\} = \frac{f(t)}{t} \quad (4・64)$$

## （4） $s$ の積と商

$\mathscr{L}^{-1}\{F(s)\} = f(t)$，$f(0) = 0$ としたとき

$$\mathscr{L}^{-1}\{sF(s)\} = f'(t) + f(0) \quad (4・65)$$

$$\mathscr{L}^{-1}\left\{\frac{F(s)}{s}\right\} = \int_0^t \{f(t)\}dt \quad (4・66)$$

## （5） 部分分数による逆ラプラス変換の求め方

$s$ 関数を $P(s)$ および $Q(s)$ としたとき

$$\frac{P(s)}{Q(s)} = \sum \frac{A}{(as+b)^n} \tag{4・67}$$

または

$$\frac{P(s)}{Q(s)} = \sum \frac{As+B}{(as^2+bs+c)^n} \tag{4・68}$$

のように部分分数に変換して簡単な逆ラプラス変換できる形式に変換する．

分数を部分分数に変換する方法を $F(s)$ についてみると

$$F(s) = \frac{e}{(as+b)(cs+d)} \tag{4・69}$$

この関数 $F(s)$ が次のような部分分数に変換できたとすれば

$$F(s) = \frac{e_1}{as+b} + \frac{e_2}{cs+d}$$

この式を満足する $e_1$, $e_2$ は代数的に求められ

$$e_1 = \frac{ae}{ad-bc}, \quad e_2 = \frac{ce}{bc-ad}$$

である．

一方，上の $e_1$, $e_2$ は次のような方法でも簡単に求められる．

部分分数式 (4・69) に $(as+b)$ を乗じ，それに $(as+b)=0$ となるような $s$，すなわち $s=-b/a$ を代入すれば

$$\lim_{s \to -b/a} F(s)(as+b) = \frac{ae}{ad-bc} = e_1$$

同様に

$$\lim_{s \to -d/c} F(s)(cs+d) = \frac{ce}{bc-ad} = e_2$$

**【例題 4・1】** $\mathscr{L}^{-1}F(s) = \mathscr{L}^{-1}\left(\dfrac{3s+7}{s^2-2s-3}\right)$ を求めよ．

**【解】** $F(s) = \dfrac{3s+7}{s^2-2s-3}$

$$= \frac{(3s+7)}{(s-3)(s+1)}$$

$$\lim_{s \to 3} F(s)(s-3) = 4$$

$$\lim_{s \to -1} F(s)(s+1) = -1$$

したがって，$F(s) = \dfrac{4}{s-3} - \dfrac{1}{s+1}$ となるので

$$\mathscr{L}^{-1}\{F(s)\} = \mathscr{L}^{-1}\left(\frac{4}{s-3}\right) - \mathscr{L}^{-1}\left(\frac{1}{s+1}\right)$$
$$= 4e^{3t} - e^t$$

【例題 4・2】 図 4・16 に示すのは，R-L 直列回路である．スイッチを閉じてから $t$ 秒後に回路を流れる過渡電流 $i$ をラプラス変換を用いて求めよ．

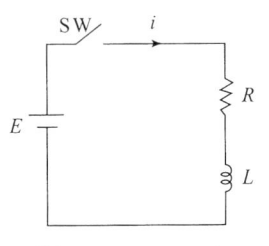

図 4・16 R-L 回路

【解】 R-L 直列回路を満足する微分方程式は次のように示される．
$$L\frac{di}{dt} + Ri = E$$
この微分方程式をラプラス変換する．
$$LsI(s) + RI(s) = \frac{E}{s}$$
代数的に $I(s)$ を求めると
$$I(s) = \frac{E}{(Ls+R)s} = \frac{E}{Ls\left(s+\frac{R}{L}\right)}$$
$$= \frac{E}{R}\left\{\frac{1}{s} - \frac{1}{s+\frac{R}{L}}\right\}$$
この式を逆変換すると次のような解を得る．
$$i = \mathscr{L}^{-1}\{I(s)\} = \frac{E}{R}(1 - e^{-\left(\frac{R}{L}\right)t})$$
ここに，$I_0 = E/R$, $\tau = L/R$ とすると
$$i = I_0(1 - e^{-t/\tau})$$

【例題 4・3】 図 4・17 に示す R-C 直列回路の過渡電流 $i$ をラプラス変換を用いて解け．

【解】 R-C 直列回路の微分方程式は次のようになる．
$$Ri + \frac{1}{C}\int i dt = E$$

この微分方程式をラプラス変換して $I(s)$ を求めると

$$RI(s) + \frac{1}{Cs} \cdot I(s) = \frac{E}{s}$$

$$I(s) = \frac{E}{\left(R + \dfrac{1}{Cs}\right)s} = \frac{E}{Rs + \dfrac{1}{C}}$$

$$= \left(\frac{E}{R}\right) \cdot \frac{1}{s + \left(\dfrac{1}{CR}\right)}$$

この式を逆変換して次のような解を得る．

$$i = \left(\frac{E}{R}\right)e^{-t/RC} = I_0 e^{-\frac{t}{\tau}}$$

ここに，$I_0 = E/R$，$\tau = CR$

$$i = I_0 e^{-\frac{t}{\tau}}$$

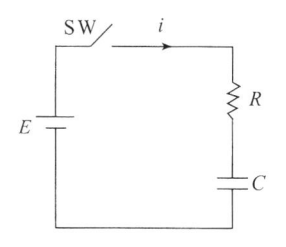

図 4・17　$R$-$C$ 回路

## 演習問題

1. 図 4・18 の三角波をフーリエ級数に展開せよ．
2. 図 4・19 の三角波をフーリエ級数に展開せよ．

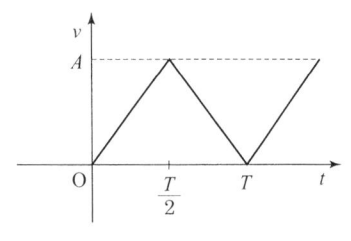

図 4・18　三角波 (A)

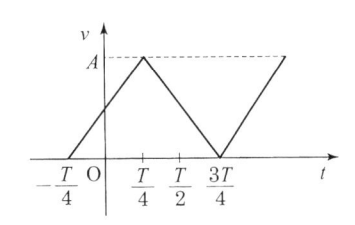

図 4・19　三角波 (B)

**3.** 図4・20に示すパルス波形をフーリエ級数に展開せよ．

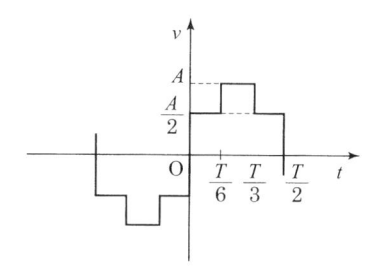

図4・20 パルス波

**4.** 次のラプラス変換を求めよ．

(1) $\mathscr{L}\left\{\dfrac{1}{a}(1-e^{-at})\right\}$ 

(2) $\mathscr{L}\left\{\dfrac{1}{a^2}(e^{-at}+at-1)\right\}$

(3) $\mathscr{L}\left\{\dfrac{1}{b-a}(e^{-at}-e^{-bt})\right\}$ 

(4) $\mathscr{L}\{e^{-at}(1-at)\}$

(5) $\mathscr{L}\left\{\dfrac{t}{2a}\cdot\sin at\right\}$ 

(6) $\mathscr{L}\left\{\dfrac{1}{2a}(\sin at+at\cos at)\right\}$

(7) $\mathscr{L}\{[(b-a)t-1]e^{-at}\}$

**5.** 次の微分方定程式をラプラス変換せよ．

(1) $2\dfrac{d^2y}{dt^2}-5\dfrac{dy}{dt}-3y=e^{3t}$　　ただし，$t=0$ で，$y=1$，$dy/dt=0$

(2) $\dfrac{d^2\theta}{dt^2}+2\dfrac{d\theta}{dt}+\theta=\sin 2t$　　ただし，$t=0$ で，$\theta=d\theta/dt=0$

(3) $\dfrac{d^2u}{dt^2}+2\dfrac{du}{dt}+5u=e^{-t}$　　ただし，$t=0$ で，$u=du/dt=0$

**6.** 次の微分方程式をラプラス変換を用いて解け．

(1) $\dfrac{di}{dt}+2i=100\cos t$　　ただし，$t=0$ で $i=0$

(2) $\dfrac{d^2r}{dt^2}+4\dfrac{dr}{dt}+3r=0$　　ただし，$t=0$ で $r=2$，$(dr/dt)_{t=0}=3$

(3) $\dfrac{d^2x}{dt^2}+9x=t$　　ただし，$t=0$ で $x=1$，$dx/dt=2$

(4) $\dfrac{d^2x}{dt^2}+4x=5\cos 2t$　　ただし，$t=0$ で $x=1$，$dx/dt=3$

# 第5章 空間座標系の扱い方

## 5・1 多変数関数と偏微分

多変数関数の偏微分については第2章において学んだ．2変数関数 $z=f(x, y)$ の全微分は，式 (5・1) のように与えられる．

$$dz = \frac{\partial z}{\partial x}dx + \frac{\partial z}{\partial y}dy \tag{5・1}$$

本章では空間座標系について取り扱うので，3変数関数が基本となる．例えば $A=f(x, y, z)$ であるとき，全微分は式 (5・1) を拡張して，

$$dA = \frac{\partial A}{\partial x}dx + \frac{\partial A}{\partial y}dy + \frac{\partial A}{\partial z}dz \tag{5・2}$$

で与えられる．なお，一般的に，$n$ 変数関数 $z=f(x_1, x_2, \cdots, x_n)$ の全微分は，

$$dz = \frac{\partial z}{\partial x_1}dx_1 + \frac{\partial z}{\partial x_2}dx_2 + \cdots + \frac{\partial z}{\partial x_n}dx_n = \sum_{k=1}^{n}\frac{\partial z}{\partial x_k}dx_k \tag{5・3}$$

となる．

## 5・2 直交座標系以外の表し方

これまで2次元や3次元を扱う時には，常に直交座標系 $(x, y)$ および $(x, y, z)$ を用いてきた．しかし座標系はこれだけではなく，むしろ他の座標系を用いたほうが状態を表現したり解析したりするのに便利なこともある．

### (1) 2次元極座標系

まずは2次元の場合について考えてみよう．A 地点から B 地点を示す場合，都会の碁盤目状の地図 (札幌の街を地図で調べてみよ) 上で説明するなら，「東に2本，北に3本行ったところ」などと指示するのが最も適当であろう．しか

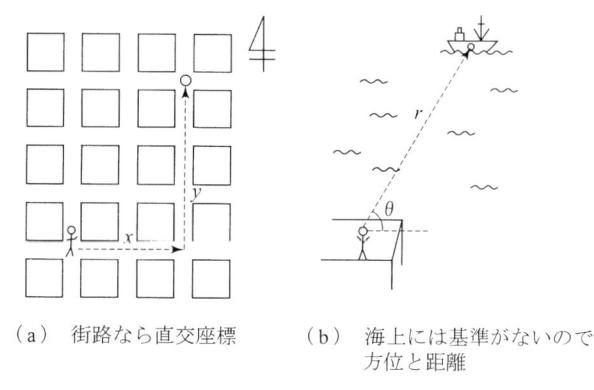

(a) 街路なら直交座標　　(b) 海上には基準がないので
　　　　　　　　　　　　　　方位と距離

図 5・1　極座標の考え方

し，そのような人工的な目盛りがない場所，例えば一様な草原，砂漠，海面などの場合は，図 5・1 に示すように「方位と距離」で示すのが最も自然であり，わかりやすい．例えば，船上で他の船舶の位置を指し示すために，「2 時の方向，距離 2000 m」などと呼称するのはこの一例である．これが極座標の考え方であり，$(r, \theta)$ で平面上の任意の点を表すことができる．2 次元の直交座標系と極座標系の相互の変換は，以下の式に基づいて行うことができる．

2 次元：極座標 $(r, \theta)$ → 直交座標 $(x, y)$

$$x = r\cos\theta \tag{5・4}$$

$$y = r\sin\theta \tag{5・5}$$

2 次元：直交座標 $(x, y)$ → 極座標 $(r, \theta)$

$$r^2 = x^2 + y^2 \tag{5・6}$$

$$\tan\theta = \frac{y}{x} \tag{5・7}$$

**【例題 5・1】**「2 時の方向，距離 2000 m」を直交座標系で示せ．ただし (進行方向)＝(12 時の方向)＝($x$ 軸の方向) である．

**【解】** 2 時の方向とはすなわち $\theta = 2\pi/12 \times (-2) = -\pi/3$ であるから，式 (5・4) と式 (5・5) を用いて，

$$x = r\cos\theta = 2000 \times \cos\left(-\frac{\pi}{3}\right) = 1000$$

$$y = r\sin\theta = 2000 \times \sin\left(-\frac{\pi}{3}\right) = -1000\sqrt{3}$$

## (2) 3次元円筒座標系

3次元の場合はどうなるだろうか．3次元空間を表す座標系には，直交座標系以外に代表的なものとして，円筒座標系と極座標系の二つが存在する．

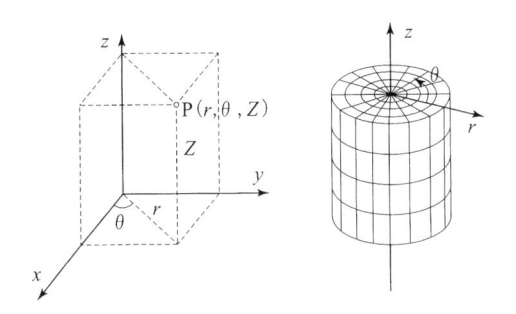

**図5・2** 円筒座標系

円筒座標系は，図5・2に示すように，2次元極座標系に，さらに平面に直交する直線軸を付け加えたものであり，$(r, \theta, z)$ で表される．円筒座標系と直交座標系の相互の変換は，2次元での極座標系と直交座標系の変換式(5・4)から式(5・7)までと同様であり，これに

$$z = z \tag{5・8}$$

を付け加えて行うことができる．

十分細い電線が真空中に存在し，この電線中に電流 $I$ が流れているとしよう．電線の位置は $z$ 軸と一致し，電流の向きは $z$ 方向であるものとする．このとき，電線の周囲にできる磁界の大きさ $B = |\boldsymbol{B}|$ は一般に以下のように表すことができる．

$$B = \frac{\mu_0 I}{2\pi r} \tag{5・9}$$

ただし，$\mu_0 = 4\pi \times 10^{-7}$ は真空の透磁率，$r$ は電線からの距離である．磁界は電流を取り巻くように，右ねじの法則に従うように発生するから，これをベクトルで表示することができる．

直交座標系での表示

$$B_x(x, y, z) = \frac{\mu_0 I}{2\pi} \frac{-y}{x^2 + y^2} \tag{5・10}$$

$$B_y(x, y, z) = \frac{\mu_0 I}{2\pi} \frac{x}{x^2 + y^2} \tag{5・11}$$

$$B_z(x, y, z) = 0 \tag{5・12}$$

円筒座標系での表示

$$B_r(r, \theta, z) = 0 \tag{5・13}$$

$$B_\theta(r, \theta, z) = \frac{\mu_0 I}{2\pi}\frac{1}{r} \tag{5・14}$$

$$B_z(r, \theta, z) = 0 \tag{5・15}$$

これらを比較すれば，円筒状に分布するものは，円筒座標系を用いると容易に表現できることがわかる．

### （3） 3次元極座標系

球面が基本となる場合はどうだろうか．球面上の位置は，緯度と経度で表すことができる．地球表面上の位置表示が代表例である．これを3次元空間に拡張するためには，中心からの半径を加えて$(r, \theta, \phi)$とすればよい．この様子を図5・3に示す．例えば，地球上のある観測者から見たシリウス（おおいぬ座$\alpha$星）の位置は，「距離8.7光年，東南東の方角，仰角30度」である．3次元での直交座標系と極座標系の相互の変換は，以下の式に基づいて行われる．

3次元：極座標$(r, \theta, \phi)$ → 直交座標$(x, y, z)$

$$x = r\sin\theta\cos\phi \tag{5・16}$$

$$y = r\sin\theta\sin\phi \tag{5・17}$$

$$z = r\cos\theta \tag{5・18}$$

3次元：直交座標$(x, y, z)$ → 極座標$(r, \theta, \phi)$

$$r^2 = x^2 + y^2 + z^2 \tag{5・19}$$

$$\tan\theta = \frac{\sqrt{x^2 + y^2}}{z} \tag{5・20}$$

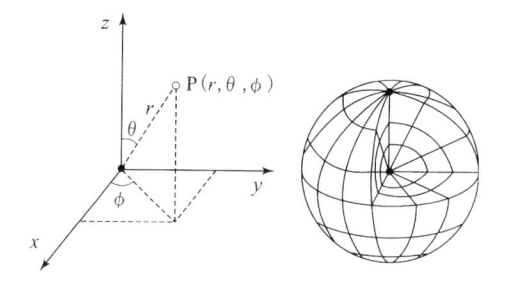

図5・3 極座標系

$$\tan\phi = \frac{y}{x} \tag{5・21}$$

点電荷 $q$ が真空中に存在するとしよう。電荷の位置は原点であるものとする。このとき，電荷の周囲にできる電界の大きさ $E=|\boldsymbol{E}|$ は一般に以下のように表すことができる。

$$E = \frac{q}{4\pi\varepsilon_0 r^2} \tag{5・22}$$

ただし，$\varepsilon_0 = 8.84 \times 10^{-12}$ は真空の誘電率，$r$ は電荷からの距離である。電界は電荷から遠ざかる向きに発生するから，これをベクトルで表示することができる。

直交座標系での表示

$$E_x(x,\ y,\ z) = \frac{q}{4\pi\varepsilon_0} \frac{x}{(x^2+y^2+z^2)^{\frac{3}{2}}} \tag{5・23}$$

$$E_y(x,\ y,\ z) = \frac{q}{4\pi\varepsilon_0} \frac{y}{(x^2+y^2+z^2)^{\frac{3}{2}}} \tag{5・24}$$

$$E_z(x,\ y,\ z) = \frac{q}{4\pi\varepsilon_0} \frac{z}{(x^2+y^2+z^2)^{\frac{3}{2}}} \tag{5・25}$$

極座標系での表示

$$E_r(r,\ \theta,\ \phi) = \frac{q}{4\pi\varepsilon_0 r^2} \tag{5・26}$$

$$E_\theta(r,\ \theta,\ \phi) = 0 \tag{5・27}$$

$$E_\phi(r,\ \theta,\ \phi) = 0 \tag{5・28}$$

と，理解しやすい形で表示されることがわかる。なお，円筒座標系や極座標系でのベクトル演算は，かなり複雑になる。

## 5・3 スカラ場とポテンシャル

### (1) スカラ場とは何か

空間内の任意の点において，スカラ量が定められる時，これをスカラ場という。最も単純な例として，地図(地形図)がある。地形図は，地図上の任意の点 $(x,\ y)$ の高度 $h$ を読みとることができる。特殊な場合を除いて，点を一つ決めればそれに対応する高度は一意に定まるから，高度 $h$ は座標 $(x,\ y)$ の関数として表すことができる。

$$h = f(x,\ y) \tag{5・29}$$

高度 $h$ はスカラ量であるから，これをスカラ場と呼ぶ．2次元スカラ場を最もわかりやすく表す方法は，スカラ量が等しい点をつないでいくとできる線，すなわち等高線を用いたものである．実際に，地形図や天気図（気圧が位置の関数）はそのように表示されている．

では，3次元空間ならどうなるだろうか．例えば，教室内のある時点における気温の分布を考えてみよう．教室内に適当な3次元直交座標系 $(x, y, z)$ を仮定し，位置を一つ決めれば，それに対応する気温 $T$ は一意に定まるから，スカラ量 $T$ は位置の関数である．

$$T = f(x, y, z) \tag{5・30}$$

これが3次元のスカラ場の例である．3次元のスカラ場を2次元平面にわかりやすく表示する方法は存在しないが，2次元から類推すると，スカラ量が等しい点をつないでいくとできる面，すなわち等高面を用いて表すことが可能であることが想像できるであろう．

### （2） ポテンシャルとは何か

「ポテンシャル（potential）」は，物理学上の重要な概念である．辞書でこの言葉を調べると，「可能性」，「潜在能力」といった言葉が並んでいることであろう．例えば，地球上すなわち重力場の中で，質量 $m$ の物体が持つ位置エネルギーは，重力加速度を $g$，地表面からの高さを $h$ とすると，$E = mgh$ で与えられる．すなわち，高さ1mの机の上にある本は，床の上にある場合と比べて，大きな位置エネルギーを持っている．しかし，机の上にある本はそのままでは仕事をすることはできず，床に向かって落下して初めて仕事をし，結果的にエネルギーを他に与えることができる．この時，位置エネルギーを持っているということは，仕事をすることができる潜在的な能力がある，すなわちポテンシャルを持っていると言い換えることができる．

物理学では，ポテンシャルとは，「（他の条件によらず）位置のみの関数として決定される量」と定義される．例えば，ある粒子が空間内に存在し，スカラ量 $\phi$ を持つとする．図5・4に示すように，$\phi$ は点 A $(x_1, y_1)$ で $\phi_1$，点 B $(x^2, y^2)$ で $\phi_2$ という値をとる．この場合，粒子が点 A から点 B に移動する時に経路 $\alpha$ を経ても，経路 $\beta$ を経ても，点 B での値は $\phi_2$ である．また，途中でどんな経路を経ても，点 A に戻ってきた時の値は $\phi_1$ である．このように，位置のみの関数として表される時，$\phi$ はポテンシャルである，といえる．

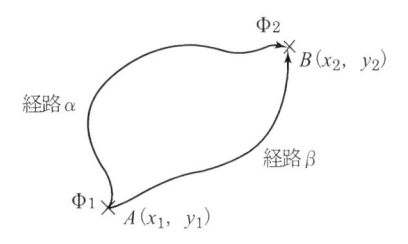

**図5・4** 位置のみの関数である $\varPhi$ はポテンシャルである

## 5・4 スカラ場の勾配（grad）とベクトル場
### （1） スカラ場の傾き

ここでは傾きと全微分の関係について考えてみよう．2次元スカラ場 $z = f(x, y)$ が存在することとする．イメージとしては，図5・5に示すような地形図に示されている山の斜面で，高さ方向が $z$ である．

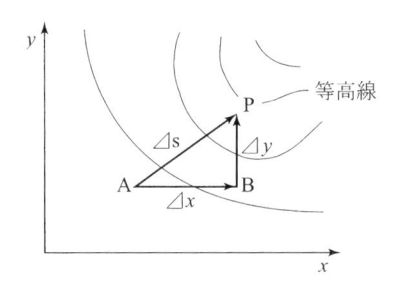

**図5・5** 2次元スカラ場の傾き

図の点Aから点Pまで登るとしよう．点Aから $x$ 方向に進み点Bまで登り，次に点Bから $y$ 方向に進むと点Pに達する．もちろん点Aから点Pに向かって直行してもよい．まず，A→B→Pと進む場合について考えてみよう．点Aから点Bまでの傾きは $\partial z/\partial x$ であるから，登った高さ $\varDelta z_x$ は

$$\varDelta z_x \cong \frac{\partial z}{\partial x} \varDelta x \tag{5・31}$$

と表すことができる．同様に点Bから点Pへの行程は，

$$\varDelta z_y \cong \frac{\partial z}{\partial y} \varDelta y \tag{5・32}$$

であるから，登った高さの合計は，図5・6に示すように

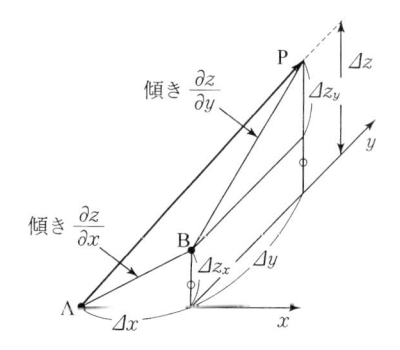

図5・6 $\Delta z$ は各方向での増分の和となる

$$\Delta z = \frac{\partial z}{\partial x}\Delta x + \frac{\partial z}{\partial y}\Delta y \tag{5・33}$$

と表すことができる．A → P と直行する場合の傾きは，この高さを距離 $\Delta s = \sqrt{\Delta x^2 + \Delta y^2}$ で除することによって求められる．

$$\frac{\Delta z}{\Delta s} = \frac{\partial z}{\partial x}\frac{\Delta x}{\Delta s} + \frac{\partial z}{\partial y}\frac{\Delta y}{\Delta s} \tag{5・34}$$

ここまでは，有限の微少な値 $\Delta x$, $\Delta y$, $\Delta s$, $\Delta z$ についての議論であったが，これらを無限にゼロに近づけた極限をとると，

$$\frac{dz}{ds} = \frac{\partial z}{\partial x}\frac{dx}{ds} + \frac{\partial z}{\partial y}\frac{dy}{ds} \tag{5・35}$$

となる．

【例題5・2】 平面の直交グリッド上で各点の電圧を計った結果が表のようになった．

表5・1 電圧分布　単位は [V]

| $y$ | | | | | | |
|---|---|---|---|---|---|---|
| 4 | 2 | 4 | 6 | 8 | 6 | 4 |
| 3 | 3 | 6 | 9 | 12 | 9 | 6 |
| 2 | 4 | 8 | 12 | 15 | 12 | 8 |
| 1 | 3 | 6 | 9 | 12 | 9 | 6 |
| 0 | 1 | 2 | 3 | 4 | 5 | 6 |
| | | | | | $x$ [cm] | |

このとき，点 $(1, 2)$ と点 $(4, 4)$ との間での電圧の傾き（電界）を，$x$ 方向 → $y$ 方向と移動する場合，直行する場合のそれぞれについて求めよ．

**【解】** $(1, 2)$ から $(4, 2)$ へと $x$ 方向に 3 移動するとき，
電圧の変化は $15-4=11\,[\mathrm{V}]$，傾きは $11\div 3=3.67\,[\mathrm{V/cm}]$
$(4, 2)$ から $(4, 4)$ へと $y$ 方向に 2 移動するとき，
電圧の変化は $8-15=-7\,[\mathrm{V}]$　傾きは $-7\div 2=-3.50\,[\mathrm{V/cm}]$
$(1, 2)$ から $(4, 4)$ へ直行するときの距離は $\sqrt{3^2+2^2}=\sqrt{13}$ であるから，
電圧の変化は $8-4=4\,[\mathrm{V}]$　傾きは $4\div\sqrt{13}=1.11\,[\mathrm{V/cm}]$
これらの数値の間には，

$$1.11 = \frac{4}{\sqrt{13}} = 3.67 \times \frac{3}{\sqrt{13}} + (-3.50) \times \frac{2}{\sqrt{13}}$$

という関係があり，これは式 (5・33) と対応する．

### （2） スカラ場の勾配（gradient）と方向余弦ベクトル

式 (5・33) は，3・2 節で述べたベクトルの内積の形をしているので，

$$\frac{dz}{ds} = \left(\frac{dx}{ds}, \frac{dy}{ds}\right) \cdot \left(\frac{\partial z}{\partial x}, \frac{\partial z}{\partial y}\right) \tag{5・36}$$

と表示することができる．$dx/ds$ は $\varDelta s$ と $\varDelta x$ のなす角の余弦，$dy/ds$ は $\varDelta s$ と $\varDelta x$ のなす角の余弦であり，方向余弦と呼ばれる．$(dx/ds, dy/ds)$ のことを方向余弦ベクトルと呼ぶ．

　斜面上での傾きは，同じ地点に立っていても，向きによって異なる．スキーをしたことがある読者は，身をもって経験済みであると思うが，まっすぐ谷の方向を向いたらストックで支えるのもつらい斜面でも，それと直交する向きになら平気で立っていられる．式 (5・34) は，斜面の上のある点 $(x, y)$ で，ある方向 $ds=(dx, dy)$ を向いたときの斜面の傾きを表しているが，このうち $ds$ を含んでいるのは方向余弦ベクトルであるから，こちらが「ある方向」を表しており，$(\partial z/\partial x, \partial z/\partial y)$ は「ある点」固有の斜面の状態を表していると見ることができる．この観測者の状態によらない斜面固有の状態のことをスカラ場の勾配（gradient）と呼ぶ．

**【例題 5・3】** 2 変数の関数 $z=f(x, y)=xy/(x^2+y^2)$ がある．$(x, y)=(1, 2)$ の点で，$(2, -1)$ 方向を向いたときの傾きを求めよ．

**【解】** 勾配と方向余弦ベクトルを求め，それらの内積をとる．

$$\left(\frac{\partial z}{\partial x}, \frac{\partial z}{\partial y}\right) = \frac{x+y}{(x^2+y^2)^2}(y(y-x),\ x(x-y))$$

これに $(x, y)=(1, 2)$ を代入して，

$$\left(\frac{\partial z}{\partial x},\ \frac{\partial z}{\partial y}\right) = \frac{3}{25}(2,\ -1)$$

$ds = \sqrt{dx^2 + dy^2}$ より，

$$\left(\frac{dx}{ds},\ \frac{dy}{ds}\right) = \left(\frac{dx}{\sqrt{dx^2 + dy^2}},\ \frac{dy}{\sqrt{dx^2 + dy^2}}\right)$$

これに $(dx,\ dy) = (2,\ -1)$ を代入して

$$\left(\frac{dx}{ds},\ \frac{dy}{ds}\right) = \frac{1}{\sqrt{5}}(2,\ -1)$$

よって傾きは

$$\frac{dz}{ds} = \left(\frac{dx}{ds},\ \frac{dy}{ds}\right) \cdot \left(\frac{\partial z}{\partial x},\ \frac{\partial z}{\partial y}\right)$$

$$= \frac{3}{25}(2,\ -1) \cdot \frac{1}{\sqrt{5}}(2,\ -1)$$

$$= \frac{3}{25\sqrt{5}}(2 \times 2 + (-1) \times (-1)) = \frac{3\sqrt{5}}{25}$$

　上記の説明は2次元空間についてであったが，これを3次元空間に拡張しよう．一般に，スカラ場 $\phi = f(x,\ y,\ z)$ が存在するとき，その勾配 $\boldsymbol{E}$ は以下のように定義される．

$$\boldsymbol{E} = (E_x,\ E_y,\ E_z) = \left(\frac{\partial \phi}{\partial x},\ \frac{\partial \phi}{\partial y},\ \frac{\partial \phi}{\partial z}\right) = \left(\frac{\partial}{\partial x},\ \frac{\partial}{\partial y},\ \frac{\partial}{\partial z}\right)\phi$$

$$= \operatorname{grad} \phi \tag{5・37}$$

ここで，$E_x,\ E_y,\ E_z$ はそれぞれ $x,\ y,\ z$ の関数である．

$$E_x = f_1(x,\ y,\ z)$$
$$E_y = f_2(x,\ y,\ z)$$
$$E_z = f_3(x,\ y,\ z) \tag{5・38}$$

また，形式的に $\phi$ を分離して表記していることに注意されたい．ベクトル $(\partial/\partial x,\ \partial/\partial y,\ \partial/\partial z)$ は，右側に演算される対象が存在してはじめて意味を持つ演算子 (operator) である．この場合は微分演算子と呼び，式 (5・37) のように，逆三角形 $\nabla$ を記号として用いて表す．

$$\nabla \equiv \left(\frac{\partial}{\partial x},\ \frac{\partial}{\partial y},\ \frac{\partial}{\partial z}\right) \tag{5・39}$$

**（3）　微分演算子 $\nabla$**

　3次元微分演算子 $\nabla$ の呼称はナブラ (nabla) である．ナブラは古代ヘブライの竪琴の名前であり，記号の形に由来する．これはハミルトン演算子

(Hamiltonian) と呼ばれることもある．また，$\nabla \approx \Delta$ の類推から delta または del，または逆であるから atled（アトレッド，エイトレッド）と呼ぶこともある．$\nabla$ を用いると，式 (5・37) の関係は簡潔に，

$$E = \nabla \phi \tag{5・40}$$

と表記することができる．表現は単純であるが，その中には式 (5・37) と式 (5・38) で表される複雑な内容が含まれていることを記憶しておこう．なお，

$$\Delta = \nabla^2 = \left(\frac{\partial}{\partial x}, \frac{\partial}{\partial y}, \frac{\partial}{\partial z}\right) \cdot \left(\frac{\partial}{\partial x}, \frac{\partial}{\partial y}, \frac{\partial}{\partial z}\right)$$
$$= \left(\frac{\partial^2}{\partial x^2} + \frac{\partial^2}{\partial y^2} + \frac{\partial^2}{\partial z^2}\right) \tag{5・41}$$

をラプラス演算子 (Laplacian) と呼ぶ．

### （4） ポテンシャルと勾配を使った力の計算

エレクトロニクスの目的は，端的にいえば，電子の運動を思うように制御することである．電子の運動を制御するには，力を加えなければならない．力を加えるのはクーロン力である．二つの電荷の間に働く力を用いて，望む方向に必要な力を加えるためには，多数の電荷を分散させなければならない．手始めに三つの電荷 $Q_1$，$Q_2$，$Q_3$ があって，電荷 $q$ に働く力をとりあげよう．

### （a） ベクトル力の合成による計算

2 次元の場合は平面で考えればよかったが，現実には 3 次元で力が働く場を考える事が必要である．図 5・7 を利用して考えよう．三つの電荷から $q$ に働く力をそれぞれの位置 $(x_1, y_1, z_1)$，$(x_2, y_2, z_2)$，$(x_3, y_3, z_3)$ とし，$q$ の位

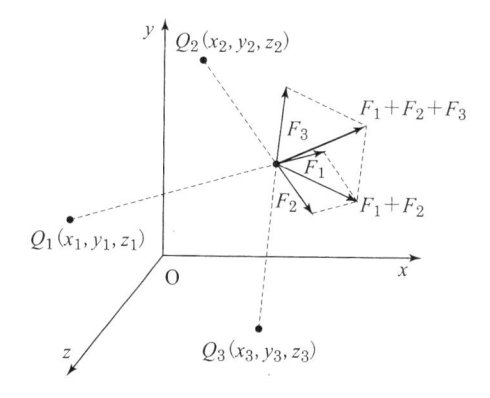

図 5・7 ベクトル力の合成による計算

置を $(x, y, z)$ とすると，それぞれが $q$ に及ぼす力の大きさ $F_1$, $F_2$, $F_3$ は，

$$F_1 = k \frac{Q_1}{(x-x_1)^2 + (y-y_1)^2 + (z-z_1)^2} q \tag{5・42}$$

$$F_2 = k \frac{Q_2}{(x-x_2)^2 + (y-y_2)^2 + (z-z_2)^2} q \tag{5・43}$$

$$F_3 = k \frac{Q_3}{(x-x_3)^2 + (y-y_3)^2 + (z-z_3)^2} q \tag{5・44}$$

で表される．力はベクトルであるため，力の合計は $\vec{F_1} + \vec{F_2} + \vec{F_3}$ であって，単純に $F_1 + F_2 + F_3$ ではない．それゆえ，$x$, $y$, $z$ 各成分に分けて加えあわせることになる．$\sqrt{(x-x_1)^2 + (y-y_1)^2 + (z-z_1)^2}$ が $Q_1$ と $q$ の距離であるので，その方向余弦を使用して，

$$F_{1x} = k \frac{Q_1}{(x-x_1)^2 + (y-y_1)^2 + (z-z_1)^2} q$$

$$\frac{x-x_1}{\sqrt{(x-x_1)^2 + (y-y_1)^2 + (z-z_1)^2}}$$

$$= k_1 \frac{Q_1(x-x_1)}{\{(x-x_1)^2 + (y-y_1)^2 + (z-z_1)^2\}^{\frac{3}{2}}} q \tag{5・45}$$

$$F_{1y} = k \frac{Q_1(y-y_1)}{\{(x-x_1)^2 + (y-y_1)^2 + (z-z_1)^2\}^{\frac{3}{2}}} q \tag{5・46}$$

$$F_{1z} = k \frac{Q_1(z-z_1)}{\{(x-x_1)^2 + (y-y_1)^2 + (z-z_1)^2\}^{\frac{3}{2}}} q \tag{5・47}$$

と成分毎に表示できる．$F_2$, $F_3$ についても同様に求められ，それぞれの和が全体の力の，$x$, $y$, $z$ 成分となる．

$$F_x = F_{1x} + F_{2x} + F_{3x} \tag{5・48}$$

$$F_y = F_{1y} + F_{2y} + F_{3y} \tag{5・49}$$

$$F_z = F_{1z} + F_{2z} + F_{3z} \tag{5・50}$$

となり，相当に面倒である．

(b) ポテンシャルを用いた計算

電荷 $Q_1$, $Q_2$, $Q_3$ の作るポテンシャルはそれぞれ

$$\phi_1 = k \frac{Q_1}{\sqrt{(x-x_1)^2 + (y-y_1)^2 + (z-z_1)^2}} \tag{5・51}$$

$$\phi_2 = k \frac{Q_2}{\sqrt{(x-x_2)^2 + (y-y_2)^2 + (z-z_2)^2}} \tag{5・52}$$

$$\phi_3 = k \frac{Q_3}{\sqrt{(x-x_3)^2 + (y-y_3)^2 + (z-z_3)^2}} \tag{5・53}$$

と表すことができる．これらの合計を取ると

$$\phi = \phi_1 + \phi_2 + \phi_3$$
$$= k \sum_{i=1}^{3} \frac{Q_i}{\{(x-x_i)^2 + (y-y_i)^2 + (z-z_i)^2\}^{\frac{1}{2}}} \tag{5・54}$$

となる．この $x$ 方向の偏微分をとれば電界 $\boldsymbol{E}$ の $x$ 方向成分 $E_x$ が求められ，電界に電荷 $q$ を乗じたものが力 $\boldsymbol{F}$ になる．

$$E_x = -\frac{\partial \phi}{\partial x} = k \sum_{i=1}^{3} \frac{Q_i(x-x_i)}{\{(x-x_i)^2 + (y-y_i)^2 + (z-z_i)^2\}^{\frac{3}{2}}} \tag{5・55}$$

$$F_x = kq \sum_{i=1}^{3} \frac{Q_i(x-x_i)}{\{(x-x_i)^2 + (y-y_i)^2 + (z-z_i)^2\}^{\frac{3}{2}}} \tag{5・56}$$

$y$, $z$ 方向に働く力も同様な手順で求めることができる．

この二つの方法で求められる力は，式 (5・45) 〜式 (5・47) と式 (5・56) を比較すればわかるように，もちろん等しい．しかし計算過程を見れば，ポテンシャルを微分した電界 (ベクトル場) の和を求めるより，ポテンシャル (スカラ場) の和を求めてから微分するほうが，計算が容易であることがわかる．

【**例題 5・4**】 一辺が $a$ [m] の正方形の 4 頂点に，それぞれ $Q$ [C] の点電荷を置く．正方形の中心から，面に垂直な方向に距離 $x$ である点 P における電界 $\boldsymbol{E}$ を，

(1) 点電荷 $Q$ が距離 $r$ の点に作る電位 $\phi$ は $\phi = \dfrac{1}{4\pi\varepsilon_0}\dfrac{Q}{r}$ である

(2) 点電荷 $Q$ が距離 $r$ の点に作る電界の大きさ $E$ が $E = \dfrac{1}{4\pi\varepsilon_0}\dfrac{Q}{r^2}$ である

ことを用いて求めよ．

【**解**】 $r = \sqrt{x^2 + \dfrac{a^2}{2}}$ である．

(1) $\phi = 4 \times \dfrac{1}{4\pi\varepsilon_0}\dfrac{Q}{r} = \dfrac{Q}{\pi\varepsilon_0}\dfrac{1}{\sqrt{x^2 + \dfrac{a^2}{2}}}$

で，対称性より $\boldsymbol{E}$ は $x$ 方向成分 $E_x$ のみであるから，

$$E_x = -\frac{\partial \phi}{\partial x} = -\frac{Q}{\pi\varepsilon_0}\frac{\partial}{\partial x}\frac{1}{\sqrt{x^2 + \dfrac{a^2}{2}}} = \frac{Q}{\pi\varepsilon_0}\frac{x}{\left(x^2 + \dfrac{a^2}{2}\right)^{\frac{3}{2}}}$$

(2) 一つの電荷が作る電界の $x$ 成分を $E_x{'}$ とすると，

$$E_x{'} = \frac{1}{4\pi\varepsilon_0}\frac{Q}{r^2}\frac{x}{r} = \frac{1}{4}\frac{Q}{\pi\varepsilon_0}x\frac{1}{r^3} = \frac{1}{4}\frac{Q}{\pi\varepsilon_0}\frac{x}{\left(x^2+\dfrac{a^2}{2}\right)^{\frac{3}{2}}}$$

$E_x = 4E_x{'}$ であることから，(1) と一致する．

## 5・5　ベクトル場の発散
### （1）ベクトル場を作る源

何度か取り上げてきたが，万有引力とクーロン力は，いずれも物体あるいは電荷間の距離の 2 乗に反比例する力である．ここで再び万有引力を例に取り上げよう．質量 $M$ [kg] の物体と $m$ [kg] の物体がある場合を考える．$M$ [kg] の物体は，物を引きつける能力を持っており，質量 $m$ [kg] の物体がやってきたら $m/r^2$ に比例した力を発揮する場を形成しているのである．

このように位置の関数として，大きさと方向の定まった「場」はベクトル場である．万有引力の場合，質量 $M$ [kg] の物体が場を作っている．電気の場合は電荷 $Q$ が場を作っている．

図5・8　ベクトル場の源

図 5・8 のように座標の原点を質量の中心にとる．中心からはずれた位置で考えれば，周りの質量は非対称である可能性がある．つまり働きかける位置によって場の大きさ，方向が変わる．しかし，物体 $M$ の外に仮想的な球 $b$，$c$ を置き，その表面全体で場の潜在的な能力を集めれば，$M$ からの潜在能力を全部集めたことになる．これは $b$，$c$ の大きさに関係なく，$M$ [kg] の物体の質量に依存した働きである．

同じ考えは，光，電波の場合にも当てはまる．電波がアンテナから放射された後，空間でエネルギーが消費されなければ送信源を中に取り込んだ閉空間を考えたら，その閉空間表面上の電波のエネルギーを全部集めれば，送信したときのエネルギーに等しい（図 5・9）．光の場合は空気やごみで散乱吸収される

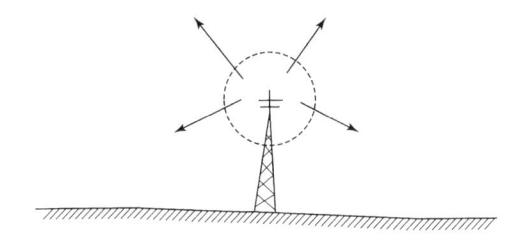

**図5・9** 送信電力は拡がっても総量が等しい

ので，全くその通りとはいえない．しかし，重力場，電場では，閉空間内に他の物質あるいは電荷がなければ，「源」の能力と源を含む閉空間面上全能力は等しい．この考えを進めて数式化しよう．

計算しやすいよう，半径 $r$ の球表面で囲まれた閉空間を取り上げる．また，外部の物質の影響がないとすると，能力は $r^2$ に反比例し，等方的に進んでいるとする．外部の点 $r$ での能力は，大きさ（$r^2$ に反比例）と方向（中心から出て球面を直角に貫く方向）を持っているから，ベクトルである．それを単位面積当たりに集めた場合の能力を $A_r$ とすると

$$4\pi r^2 A_r = kM \tag{5・57}$$

ただし，$k$ は比例定数である．よって

$$A_r = k\frac{M}{4\pi r^2} \tag{5・58}$$

となる．これを万有引力の式

$$F_r = -G\frac{Mm}{r^2} \tag{5・59}$$

と比較すると，$A_r$ と $F_r$ とは向きが同じで比例定数の文字に違いがあるだけである．

$$k = -4\pi Gm \tag{5・60}$$

と置換することによって全く同じ式になる．$A_r$ は $m$ の単位質量当たりに働く重力に相当する．

式 (5・57) から式 (5・60) までは，本来ベクトルである．力の方向は中心から $r$ 方向であり，次式で表現される．

$$r = |\boldsymbol{r}| = \sqrt{x^2+y^2+z^2} \tag{5・61}$$

## （2） 指力線（line of force）と面積ベクトル

「場」において，物体（重力場では，質量を持った物，電界では電荷を持った物）が力を受ける方向に矢印をつける．力を受ければ移動するが，移動後の方向が変わったらその点でまた矢印を付けることとする．これを微少距離ごとに行ってでき上がった線を指力線という．重力場であれば，その行き先は「場」を作っている物体に至る．電界では移動する電荷を正電荷とするので，指力線の行き先は「場」を作っている負電荷に達する．磁石に磁粉を接近させたときの並び方を想像すれば，視覚的に「場」を理解することができる．

指力線の方向については定められたので，次にベクトルとしての大きさについて考えることにする．場を作っている「物」が他の「物」が近づいた時，それを引き込んだり，反発したりするが，その全能力は質量や電荷が持っているので，その質量や電荷量に比例した本数の指力線が出るように定める．途中に障害物がなければ，指力線の数は変わらない．質量や電荷を包み込んだ閉曲面を横切る本数は出発したときと同じ本数である．このように考えると前に述べた式 (5・57) と式 (5・58) は単位面積当たりの「場」の能力に相当し，視覚的内容としては単位面積当たりの指力線の本数になる．本来指力線は架空の線で実在するものではないが，「場」の様子を頭の中に思い描くのに便利である．電界の場合，指力線は 1C から $9.0 \times 10^9$ 出ることになる（負電荷なら入る）と約束されている．これだけの本数の線を紙面に書くのは実際的とはいえないので，何本かで代用し，現象を想定するのに用いる．

## （3） ベクトル場の発散（divergence）

微少な体積内で指力線が，何本変化するか，それを単位体積当たりに換算した値が電界の発散である．発散が + であることは，その微少体積内に電荷が存在することであり，減少するなら，負電荷が存在していることを示す．電荷がなければ，入る本数と出る本数は同じになる．

図 5・10 に示すように，ベクトル場 $A$ が存在する 3 次元空間内に，内部の体積が $\Delta v$ となるような任意の閉曲面 $S$ をとる．閉曲面 $S$ 上の微小面積を $ds$ とするとき，この微小面を通過する指力線の量は

$$A_n \times ds = \boldsymbol{A} \cdot d\boldsymbol{s} \qquad (5 \cdot 62)$$

である．$A_n$ は $A$ の法線方向成分である．$\boldsymbol{A}$ と $d\boldsymbol{s}$ はベクトル量，$A_n$ と $ds$ はスカラ量であることに注意しよう．この閉曲面全体を出入りする指力線の総量

## 5・5 ベクトル場の発散

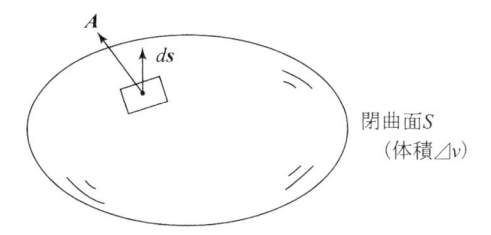

**図5・10** ベクトル場の発散の計算法

は，
$$\int_S \boldsymbol{A} \cdot d\boldsymbol{s} \tag{5・63}$$

で表されることになる．ベクトル場の発散 div $\boldsymbol{A}$ は，これを規格化するために体積で除し，微少体積 $\varDelta v$ をゼロに近づけた極限，すなわち

$$\mathrm{div}\,\boldsymbol{A} \equiv \lim_{\varDelta v \to 0} \frac{\int_S \boldsymbol{A}\cdot d\boldsymbol{s}}{\varDelta v} \tag{5・64}$$

として定義される．この発散はスカラ量であり，単位体積当たりの「能力」発生を示す量である．これを積分形で記述すると，

$$\int_S \boldsymbol{A}\cdot d\boldsymbol{s} = \int_{\varDelta v} \mathrm{div}\,\boldsymbol{A}\, dv \tag{5・65}$$

となる．左辺は，ベクトル場 $\boldsymbol{A}$ による指力線が閉曲面から出て行く総数を示し，右辺は閉曲面内の発散の総量を求める式になっている．これは2次元の式と3次元を結びつける関係にあり，数学的にはガウスの定理と呼ばれる．

以上の関係を図5・11で更に詳細に説明する．独立した二つの閉空間を合体させる．界面では指力線は一方からみると出て行くが，他方からみると入ってくる．したがって計算上差し引き0となり，界面の効果はない．全体で見て

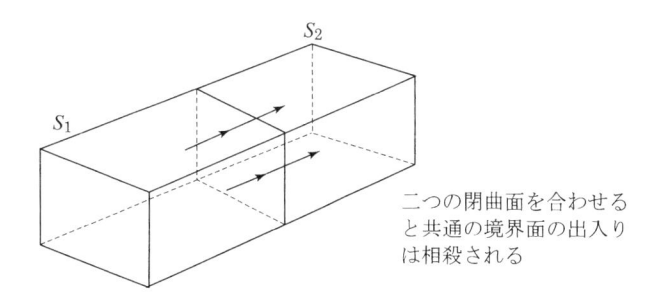

二つの閉曲面を合わせると共通の境界面の出入りは相殺される

**図5・11** ガウスの定理

も，内部組織は問題にならず，表面だけを考えればよい．

## （4） ベクトルの発散の求め方

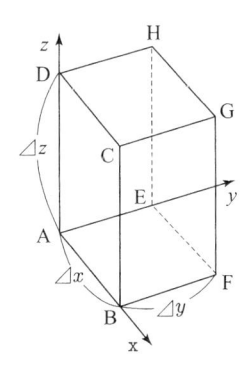

**図 5・12** 直交座標系でのベクトルの発散

具体的にベクトルの発散を求める方法を説明する．図 5・12 のような直交座標系に合わせた直方体を取り上げる．その各辺の長さを $\Delta x$, $\Delta y$, $\Delta z$, とする．この体積はそれぞれ $x$, $y$, $z$ 軸に直角な 2 枚ずつの平面，計 6 枚の面で囲まれた閉空間を作っている．その平行な面同士の指力線の出入りの合計を取り，体積で割れば発散を求めたことになる．平面 AEHD においてベクトルを $A(x)$ とすると，$\Delta x$ だけ進んだ面 BFGC では近似式を用いて，

$$A(x + \Delta x) = A(x) + \frac{\partial A_x}{\partial x}\Delta x \tag{5・66}$$

になる．$x$ 軸に平行なベクトル成分は $x$ 方向なので，$A_x$ とする．$x$ 軸に直交する二つの面から出入りの差は

$$\frac{\partial A_x}{\partial x}\Delta x(\Delta y \Delta z) \tag{5・67}$$

となる．$y$ 軸，$z$ 軸に平行な 2 面間についても同様に

$$\frac{\partial A_y}{\partial y}\Delta y(\Delta z \Delta x) \qquad \frac{\partial A_z}{\partial z}\Delta z(\Delta x \Delta y) \tag{5・68}$$

である．全体ではこれらを総合して出て行く指力線は

$$\int_S \boldsymbol{A}\cdot d\boldsymbol{s} = \left(\frac{\partial A_x}{\partial x} + \frac{\partial A_y}{\partial y} + \frac{\partial A_z}{\partial z}\right)\Delta x \Delta y \Delta z \tag{5・69}$$

発散は，左辺を体積で割った値となるので

$$\text{div}\,\boldsymbol{A} = \lim_{\Delta v \to 0}\frac{\int_S \boldsymbol{A}\cdot d\boldsymbol{s}}{\Delta v} = \lim_{\Delta v \to 0}\left(\frac{\partial A_x}{\partial x} + \frac{\partial A_y}{\partial y} + \frac{\partial A_z}{\partial z}\right)$$

$$= \frac{\partial A_x}{\partial x} + \frac{\partial A_y}{\partial y} + \frac{\partial A_z}{\partial z}$$

$$= \left(\frac{\partial}{\partial x},\ \frac{\partial}{\partial y},\ \frac{\partial}{\partial z}\right)\cdot(A_x,\ A_y,\ A_z) \quad (5\cdot70)$$

である．前節で使用した演算子 $\nabla$ を用いると，

$$\text{div}\,\boldsymbol{A} = \nabla\cdot\boldsymbol{A} \quad (5\cdot71)$$

と簡単に表現することができる．

**【例題 5・5】** 3次元直交座標の原点に電荷 $Q$ がある時，位置 $\boldsymbol{r}=(x,\ y,\ z)$ における電界 $\boldsymbol{E}$ は，原点以外の位置において

$$\boldsymbol{E}(x,\ y,\ z) = \frac{Q}{4\pi\varepsilon_0}\frac{\boldsymbol{r}}{r^3}$$

である．原点以外では $\text{div}\,\boldsymbol{E}=0$ であることを証明せよ．

**【解】** $E_x = \dfrac{Q}{4\pi\varepsilon_0}\dfrac{x}{(x^2+y^2+z^2)^{\frac{3}{2}}}$ であるから，

$$\frac{\partial E_x}{\partial x} = \frac{Q}{4\pi\varepsilon_0}\frac{\partial}{\partial x}\frac{x}{(x^2+y^2+z^2)^{\frac{3}{2}}}$$

$$= \frac{Q}{4\pi\varepsilon_0}\frac{(x^2+y^2+z^2)^{\frac{3}{2}} - x\times\dfrac{3}{2}\times 2x(x^2+y^2+z^2)^{\frac{1}{2}}}{(x^2+y^2+z^2)^3}$$

$$= \frac{Q}{4\pi\varepsilon_0}\frac{r^2-3x^2}{r^5}$$

同様に，

$$\frac{\partial E_y}{\partial y} = \frac{Q}{4\pi\varepsilon_0}\frac{r^2-3y^2}{r^5},\qquad \frac{\partial E_z}{\partial z} = \frac{Q}{4\pi\varepsilon_0}\frac{r^2-3z^2}{r^5}$$

よって，

$$\text{div}\,\boldsymbol{E} = \nabla\cdot\boldsymbol{E} = \left(\frac{\partial}{\partial x},\ \frac{\partial}{\partial y},\ \frac{\partial}{\partial z}\right)\cdot(E_x,\ E_y,\ E_z)$$

$$= \frac{\partial E_x}{\partial x} + \frac{\partial E_y}{\partial y} + \frac{\partial E_z}{\partial z}$$

$$= \frac{Q}{4\pi\varepsilon_0}\frac{(r^2-3x^2)+(r^2-3y^2)+(r^2-3z^2)}{r^5}$$

$$= 0$$

## 5・6 ベクトル場の回転 (rotation)
### (1) 電磁誘導

　これまでは重力場や電界を扱ってきたが，エレクトロニクスの世界で，電子に力を与え，方向転換をさせるもう一つの手段として．磁界(磁場)がある．磁束が電子に与える力は2種類考えられる．磁束そのものは電子の方向を変える働きを持ち，この場合に磁界が電子に及ぼす力の式は

$$F = q \cdot v \times B \tag{5・72}$$

である．$v \times B$ はベクトルの外積(ベクトル積)であるから，$F$ の方向は $v$，$B$ と垂直で $v$ から $B$ の方向に右ねじを回し進む方向が正である．結果として，電子の運動エネルギーは変化しないが，運動方向が変化する．

　もう一つの働きは，磁束の変化が電界を作る事である．電界の発生を式で表すと

$$U \propto -\frac{d\varPhi}{dt} \tag{5・73}$$

となる．$U$ は発生電圧，$\varPhi$ は磁束である．これが電磁誘導で，この働きは慣性の法則のように，それまでの状態を維持しようとする現象である．磁束を作っていたコイルの電流が消えると，磁束を維持しようとする方向に電流を創るべく，電圧が発生する．図5・13のようなコイル面を通っている磁束が，急に消えたとする．その瞬間，磁束を再生できる方向にコイル内に電圧が発生する．磁束の時間的変化がなくなれば，電圧は消える．回路の慣性を電気的に表すのがインダクタンス(通常 $L$ を用いる)であり，電気磁気学，電子回路等で使用される．実用面は変圧器，アクチュエータ(電動機，リレーなど)がある．

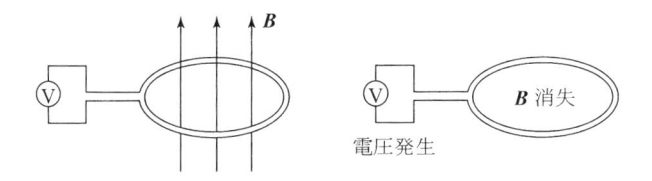

図5・13　電 磁 誘 導

### (2) ファラデーの法則の数式化

　前項で述べたように，一つの閉回路において電磁誘導により生ずる起電力はその閉回路と鎖交する磁束数の時間変化に比例する．$\varPhi$ は，鎖交する磁束が

1秒間の変化で1V発生する量を単位とし，[Wb]（ウェーバー）でその量が定められている．単位面積当たりの磁束数を磁束密度と呼び，通常 $B$ で表す．単位は $[Wb/m^2]=[T]$（テスラ）．

$$U \propto \oint_c \boldsymbol{E} \cdot d\boldsymbol{s} = \oint_c (\boldsymbol{v} \times \boldsymbol{B}) d\boldsymbol{s} \tag{5・74}$$

前項で述べた式で発生電圧 $U=vx\varPhi$ は単位面積当たりであり，$U$ をストークスの定理を用いて次のように変形する．

$$\oint_c \boldsymbol{A} \cdot d\boldsymbol{s} = \int_S (\nabla \times \boldsymbol{A}) dS \tag{5・75}$$

$\boldsymbol{A}$ に $\boldsymbol{E}$ を代入すると

$$\oint_c \boldsymbol{E} \cdot d\boldsymbol{s} = \oint_S (\mathrm{rot}\,\boldsymbol{E})_n dS \tag{5・76}$$

両者左辺は同じであるから，右辺も等しい．

磁束が時間的に変化するという事は回転形の電界を作ることに相当する．正電界ではある閉じた回路で電界を一回り積分すると元に戻って0となったが，磁界ではループに沿って積分すると起電力が得られることになる．

### （3） rot の数式化

$$\mathrm{rot}\,\boldsymbol{A} = \left( \frac{\partial A_z}{\partial y} - \frac{\partial A_y}{\partial z},\ \frac{\partial A_x}{\partial z} - \frac{\partial A_z}{\partial x},\ \frac{\partial A_y}{\partial x} - \frac{\partial A_x}{\partial y} \right) \tag{5・77}$$

は直交座標系における回転である．演算子を用いた簡単な表現では

$$\mathrm{rot}\,\boldsymbol{A} = \nabla \times \boldsymbol{A} \tag{5・78}$$

となる．同じ内容を次式のように記述することもあるので，注意が必要である．

$$\begin{aligned}
\mathrm{rot}\,\boldsymbol{A} &= \left( \frac{\partial}{\partial x},\ \frac{\partial}{\partial y},\ \frac{\partial}{\partial z} \right) \times (A_x,\ A_y,\ A_z) \\
&= \left( \frac{\partial A_z}{\partial y} - \frac{\partial A_y}{\partial z} \right)\boldsymbol{i} + \left( \frac{\partial A_x}{\partial z} - \frac{\partial A_z}{\partial x} \right)\boldsymbol{j} + \left( \frac{\partial A_y}{\partial x} - \frac{\partial A_x}{\partial y} \right)\boldsymbol{k} \\
&= \begin{vmatrix} \boldsymbol{i} & \boldsymbol{j} & \boldsymbol{k} \\ \dfrac{\partial}{\partial x} & \dfrac{\partial}{\partial y} & \dfrac{\partial}{\partial z} \\ A_x & A_y & A_z \end{vmatrix}
\end{aligned} \tag{5・79}$$

rot は工学系での呼び名であり，同じものを理学系では curl と呼ぶことがあるので，これも注意が必要である．

**【例題 5・6】** 無限に長い導線に電流 $I$ [A] が流れているものとする．導線が $z$ 軸上にあるとき，この周囲の磁界 $\boldsymbol{B}$ は

$$\boldsymbol{B} = \frac{\mu_0 I}{2\pi}\left(\frac{-y\boldsymbol{i} + x\boldsymbol{j}}{x^2 + y^2}\right)$$

で表される．rot $\boldsymbol{B}$ を求めよ．

**【解】** $B_x = -\dfrac{\mu_0 I}{2\pi}\dfrac{y}{x^2+y^2}$, $B_y = \dfrac{\mu_0 I}{2\pi}\dfrac{x}{x^2+y^2}$, $B_z = 0$ であるから，

$$\begin{aligned}
\text{rot } \boldsymbol{B} &= \frac{\mu_0 I}{2\pi}\Big(\frac{\partial}{\partial y}0 - \frac{\partial}{\partial z}\frac{x}{x^2+y^2},\ \frac{\partial}{\partial z}\frac{-y}{x^2+y^2} - \frac{\partial}{\partial x}0, \\
&\qquad\qquad\qquad \frac{\partial}{\partial x}\frac{x}{x^2+y^2} - \frac{\partial}{\partial y}\frac{-y}{x^2+y^2}\Big) \\
&= \frac{\mu_0 I}{2\pi}\Big(0,\ 0,\ \frac{(x^2+y^2) - 2x^2 + (x^2+y^2) - 2y^2}{(x^2+y^2)^2}\Big) \\
&= (0,\ 0,\ 0) = \boldsymbol{0}
\end{aligned}$$

例えば，円筒形に平等な電荷が詰まっているとする．円筒から遠く離れると，一本の線上の電荷と見なすことができるが，円筒内やその近くではそのような見方はできない．例えば図でもわかるが，直交座標なら 1 本線を引こう．$r$ 方向に何本引いても，隙間ができて全体を考慮に入れることができない．そこで考えられるのは，扇形に分割することである．円周上の微少距離を $dr$ とすると $dr = r\sin\theta$, $\theta$ は，扇形の角度である．そこで 3 次元であるので $z$ 方向も考えなければならない．$z$ 方向のポテンシャル $A_z$ の変化は

$$\nabla^2 A_z \equiv \frac{1}{r}\frac{d}{dr}\left(r\frac{\partial A_z}{\partial r}\right) \tag{5・80}$$

（微少距離による変化）（ポテンシャル × 距離 ＝ 力）

これを展開して

$$\frac{1}{r}\frac{d}{dr}\left(r\frac{\partial A_z}{\partial r}\right) = \frac{\partial^2 A_z}{\partial r^2} + \frac{1}{r}\left(\frac{\partial A_z}{\partial r}\right) \tag{5・81}$$

となる．この解は，一般にベッセル関数の形になり，円筒形プラズマの解析などに使用される．さらに高さ方向の $z$ 軸も取り払い球状態で扱う場合，ルジャンドルの方程式があるが，これらについては数学関係の講義で扱うかもしれないが，ここでは名称の紹介のみにとどめる．

## 演習問題

1. 3次元の直交座標-円筒座標の変換公式(5・4)〜式(5・8)を用いて，円筒座標系における $\mathrm{grad}\,\phi$, $\mathrm{div}\,\boldsymbol{A}$, $\mathrm{rot}\,\boldsymbol{A}$ を求めよ．
2. 3次元の直交座標-極座標の変換公式(5・16)〜式(5・21)を用いて，極座標系における $\mathrm{grad}\,\phi$, $\mathrm{div}\,\boldsymbol{A}$, $\mathrm{rot}\,\boldsymbol{A}$ を求めよ．
3. 極座標空間 $(r,\ \theta,\ \phi)$ において，次式を証明せよ．
$$\nabla \times \left(\frac{r}{\sin\theta}\nabla\theta\right) = \nabla\phi$$
4. 3次元直交座標空間のベクトル場
$$\boldsymbol{A} = x\cos z\,\boldsymbol{i} + \log y^x\,\boldsymbol{j} + z^2\boldsymbol{k}, \quad \boldsymbol{E} = \frac{\boldsymbol{r}}{r^3} \quad \text{および}$$
$$\boldsymbol{H} = \frac{I}{2\pi}\left(\frac{-y\boldsymbol{i} + x\boldsymbol{j}}{x^2 + y^2}\right)$$
について，発散と回転をそれぞれ求めよ．$(\boldsymbol{i},\ \boldsymbol{j},\ \boldsymbol{k}$ はそれぞれ $x$, $y$, $z$ 方向の単位ベクトル，$\boldsymbol{r} = x\boldsymbol{i} + y\boldsymbol{j} + z\boldsymbol{k}$, $r = |\boldsymbol{r}|)$
5. 3次元ベクトル場 $\boldsymbol{A} = (A_x,\ A_y,\ A_z)$ について，
$$A_x = A_y = 0, \quad A_z = -\frac{\mu_0 I}{4\pi}\log\sqrt{x^2 + y^2}$$
であるとする．回転 $\boldsymbol{B} = \mathrm{rot}\,\boldsymbol{A}$ を求め，さらにその回転 $\mathrm{rot}\,\boldsymbol{B}$ を求めよ．
6. $\mathrm{div}(\boldsymbol{A} \times \boldsymbol{B}) = \boldsymbol{B}\cdot\mathrm{rot}\,\boldsymbol{A} - \boldsymbol{A}\cdot\mathrm{rot}\,\boldsymbol{B}$ を証明せよ．
7. 任意のベクトル $\boldsymbol{a}$, $\boldsymbol{b}$, $\boldsymbol{c}$ について，$\boldsymbol{a} + \boldsymbol{b} + \boldsymbol{c} = 0$ ならば $\boldsymbol{a} \times \boldsymbol{b} = \boldsymbol{b} \times \boldsymbol{c} = \boldsymbol{c} \times \boldsymbol{a}$ となることを証明せよ．

# 第6章 ディジタルの世界の演算

## 6・1 2進数の計算はブール代数で

ブール代数 (Boolean algebra) は，2進数に用いられる基本的な演算法則である．これは数学的な演算として一般に定義されるが，電気電子工学的には論理回路の設計や解析に用いることができ，ディジタル工学・電子計算機工学の基礎として重要である．なお，ブールは人名である (George Boole, 1815-64)．

ブール代数は，通常の加法および乗法と類似しており，用いられる演算記号も同一である．しかし，まったく同じではないので，演算を示すときにはそれが「ブール代数である」ことを明記すべきである．

例) 本書中，本章で用いられる加法・乗法の演算記号はすべてブール代数による演算を示す．

以下，本章で用いる変数 ($a$, $b$, $c$ や $f$ など) は，数学的にはそれぞれ，ただ2つの要素0と1を持つ集合 $B$ の1要素である．

$$B = \{0, 1\} \tag{6・1}$$

$$a, b, c, \cdots, f \in B \tag{6・2}$$

ブール代数は，これについて定義された演算の集合である．その基本演算は以下のように定義されている．

論理和 (sum)

$$
\begin{array}{ccc}
a & b & a+b \\
0+0 & = & 0 \\
0+1 & = & 1 \\
1+0 & = & 1 \\
1+1 & = & 1 \\
\end{array}
$$

論理積 (product)

$$\begin{array}{ccc} a & b & a \times b \\ 0 \times 0 = & & 0 \\ 0 \times 1 = & & 0 \\ 1 \times 0 = & & 0 \\ 1 \times 1 = & & 1 \end{array}$$

否定 (negation) または補数 (complement)

$$\begin{array}{cc} a & \bar{a} \\ 0 & \Rightarrow 1 \\ 1 & \Rightarrow 0 \end{array}$$

　論理和は + 以外に，∨，∪ の演算記号で示されることがある．数学の書籍では ⊕ で示しているものがあるが，電気電子工学の分野では後に示す排他的論理和のシンボルに ⊕ を用いるため注意が必要である．論理積は，通常の演算の積と同様 ×，・，または演算記号を省略して書く．その他にも，∧，∩，∗ の演算記号で示されることがある．これらの基本演算について，成立する法則を順に述べていこう．

交換則 (commutative laws)

$$a + b = b + a \tag{6・3}$$
$$a \cdot b = b \cdot a \tag{6・4}$$

結合則 (associative laws)

$$a + (b + c) = (a + b) + c \tag{6・5}$$
$$a \cdot (b \cdot c) = (a \cdot b) \cdot c \tag{6・6}$$

分配則 (distributive laws)

$$a \cdot (b + c) = (a \cdot b) + (a \cdot c) \tag{6・7}$$
$$a + (b \cdot c) = (a + b) \cdot (a + c) \tag{6・8}$$

　交換則と結合則は通常の加法・乗法と同じであり，分配則の第 1 式 (6・7) も同様である．両則の恒等元を示す法則として，

恒等則 (identity laws)

$$1 + a = a + 1 = 1 \tag{6・9}$$
$$0 \cdot a = a \cdot 0 = 0 \tag{6・10}$$

がある．この第 2 式 (6・10) も通常の乗法と共通である．また，恒等則には含まれないが，計算上しばしば用いる法則として，

$$0 + a = a + 0 = a \tag{6・11}$$
$$1 \cdot a = a \cdot 1 = a \tag{6・12}$$

がある．なお，本書では便宜的な記述をしているが，数学的に厳密な定義は，「式 (6・7) から式 (6・12) が成立する演算をブール代数と呼ぶ」のが正しく，その集合が式 (6・1) のように 2 要素のみを持つ場合についてここでは述べていることになる．さらに否定に関する法則として，

相補則 (complementary laws)
$$a + \bar{a} = 1 \tag{6・13}$$
$$a \cdot \bar{a} = 0 \tag{6・14}$$

再帰則 (reflexive law)
$$\bar{\bar{a}} = a \tag{6・15}$$

がある．ブール代数特有の法則としては，

吸収則 (absorption laws)
$$a + a \cdot b = a \tag{6・16}$$
$$a \cdot (a + b) = a \tag{6・17}$$

がある．ここに至ると，一瞬誤植を疑ってしまうような関係式が並んでいるが，これで正しいのである．正当性については，集合論でご存じのベン図

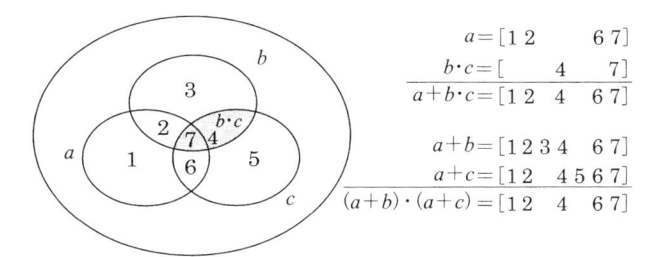

図 6・1　ベン図による $a+(b \cdot c)=(a+b) \cdot (a+c)$ の説明

図 6・2　バイチ図による $a+a \cdot b=a$ の説明

(Venn diagram) や，その領域を長方形で示したバイチ図 (Veich diagram) を用いて示すことができる．ベン図による分配則の説明を図 6・1 に，バイチ図による吸収則の説明を図 6・2 に，それぞれ示す．

**【例題 6・1】** $a + a \cdot b = a$ を証明せよ．
**【解】** (左辺) $= a \cdot 1 + a \cdot b = a \cdot (1 + b)$
ここで，
$$1 + b = (1 + b) \cdot 1 = 1 \cdot (b + 1) = (b + \bar{b}) \cdot (b + 1) = b + \bar{b} \cdot 1$$
$$= b + \bar{b} = 1$$
よって
(左辺) $= a \cdot 1 = a =$ (右辺) (証明終)

以下に示す定理は，ブール代数の歴史上古くから知られている．
ド・モルガンの定理 (de Morgan's law)
$$\overline{a + b} = \bar{a} \cdot \bar{b} \tag{6・18}$$
$$\overline{a \cdot b} = \bar{a} + \bar{b} \tag{6・19}$$

この 2 つの式を一般化すると，「ブール代数の論理和・論理積の否定を得るには，各値の否定を取り，和⇔積を入れ替えた演算を行えばよい」ということになる．これを双対原理 (principle of duality) と呼び，実用的にも有意義である．この性質をわかりやすく利用するために，論理回路では正論理 (positive logic)・負論理 (negative logic) を定義して用いることが多い．

## 6・2 2 進演算を実現する論理素子

一般に，集合 $B$ の要素と，論理和・論理積・否定の演算とで構成された数式を，ブール表現 (Boolean expression) と呼ぶ．例えば，
$$a + b, \ a + \bar{b}, \ a + \bar{a} \cdot b$$
などはブール表現の例である．これが 2 進数の集合であるならば，1 と 0 は，回路の電気的な二つの状態やスイッチのオン・オフの 2 状態などに対応付けられる．コンピュータなどのディジタル回路の基本構成要素である論理ゲートは，その入出力がすべて二つの状態で表される．通常は電圧が高い状態 (H) を 1，低い状態 (L) を 0 に対応させる (正論理)．このような素子は，純粋に数学的なブール変数とその演算，すなわちブール表現を電子回路として実現し

ディジタル IC が開発され商品化されつつあるころ，規格の乱立と混乱を避けるために，論理素子を表す記号がアメリカ軍 (MIL) 規格で定められた．1962 年に制定された MIL-STD-806B "Graphic Symbols for Logic Diagram" (論理回路図のための図記号) がそれで，現在でも最も一般的である．

論理和 (OR)，論理積 (AND)，否定 (NOT) を表す論理ゲートを図 6・3 に示す．これらの入出力の関係は，真理値表 (truth table) として示される．

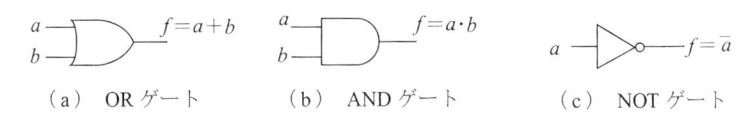

(a) OR ゲート　　　(b) AND ゲート　　　(c) NOT ゲート

図 6・3　OR・AND・NOT 論理ゲートの図記号

OR ゲートの真理値表

| $a$ | $b$ | $f=a+b$ |
|---|---|---|
| 0 | 0 | 0 |
| 0 | 1 | 1 |
| 1 | 0 | 1 |
| 1 | 1 | 1 |

AND ゲートの真理値表

| $a$ | $b$ | $f=a \cdot b$ |
|---|---|---|
| 0 | 0 | 0 |
| 0 | 1 | 0 |
| 1 | 0 | 0 |
| 1 | 1 | 1 |

NOT ゲートの真理値表

| $a$ | $f=\bar{a}$ |
|---|---|
| 0 | 1 |
| 1 | 0 |

OR および AND ゲートは 2 入力 1 出力を持ち，出力 $f$ はそれぞれ $f=a+b$ と $f=a \times b$ である．NOT ゲートは 1 入力 1 出力を持ち，出力 $f=\bar{a}$ で表される．この基本論理ゲートの真理値表は，6・1 節で示したブール代数の基本演算の表とまったく同じである．すなわち，これらの論理ゲートでブール代数が実現されているということになる．

これらの論理ゲートは直列・並列に接続して新たな論理演算を構成することができる．創り出した演算には，すべて対応する真理値表を書くことができる．以下に，簡単な例として NOR ゲートと NAND ゲートを挙げる．OR と NOT を直列に接続したものが NOR ゲート，AND と NOT を直列に接続したものが NAND ゲートである．図 6・4 にこの簡略化の様子と図記号を示す．

NOR ゲートの真理値表

| $a$ | $b$ | $f=\overline{a+b}$ |
|---|---|---|
| 0 | 0 | 1 |
| 0 | 1 | 0 |
| 1 | 0 | 0 |
| 1 | 1 | 0 |

NAND ゲートの真理値表

| $a$ | $b$ | $f=\overline{a \cdot b}$ |
|---|---|---|
| 0 | 0 | 1 |
| 0 | 1 | 1 |
| 1 | 0 | 1 |
| 1 | 1 | 0 |

(a) NORゲート

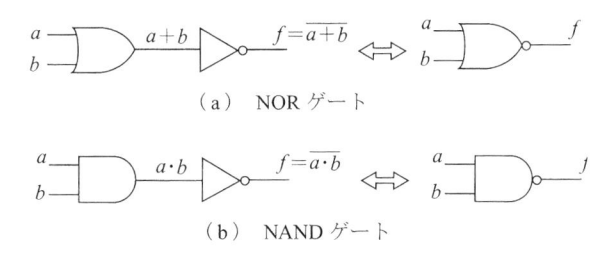

(b) NANDゲート

図6・4　論理図記号の簡略化（NOR・NAND論理ゲート）

NORまたはNANDゲートが便利なのは，このいずれか一方のみを用いて，任意の論理演算が実現可能であるからである．特にNANDゲートはトランジスタを用いた初期の論理回路で最も作りやすかったため，最も有名な論理ICシリーズ中での00番を与えられている（7400，74LS00など）．

【例題6・2】　図6・5に示す論理回路の出力 $f$ を，入力 $a$，$b$，$c$，$d$ を用いたブール表現で示せ．

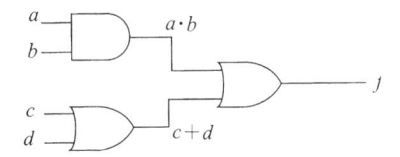

図6・5　4入力1出力の組合せ論理回路

【解】　図の左側から始めると，上のAND素子の出力は $a$ と $b$ の論理積 $a \cdot b$ を表す．同様に下のOR素子の出力は $c$ と $d$ の論理和 $c+d$ である．これらが右側のOR素子の入力となるから，出力 $f$ は，

$$f = (a \cdot b) + (c + d) = a \cdot b + c + d \tag{6・20}$$

となる．なお，この回路は4入力であるから，可能な状態は $2^4 = 16$ であり，真理値表は16行必要になる．

また，図6・4に見られる「小円」の記述法は入力側にも拡張することができる．これを用いて，6・1節で述べた正論理・負論理をわかりやすく図示できる．例えば，図6・6は図6・5と同じ論理を表している．AND（NAND）とORの2素子を結ぶ部分を正論理で表記すれば $\overline{a \cdot b}$ であるが，負論理で表記すれば $a \cdot b$ となる．

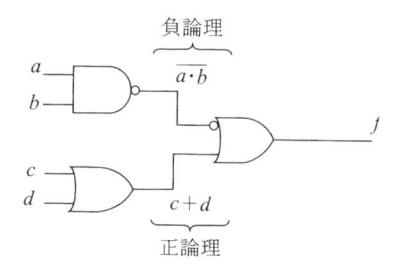

図 6・6　正論理と負論理

## 6・3　論理回路網を数式で表現し解析する
### （1）　論理回路網のブール表現

6・2節で示した五つの論理ゲートを直列・並列に接続することにより，新たな論理回路網を形成できる．以下にいくつかの例を示す．

**【例題 6・3】**　図 6・7 に示す論理回路網は 3 入力 $a$, $b$, $c$ と 1 出力 $f$ を持ち，四つの論理素子で構成されている．$f$ のブール表現を求め，真理値表を書け．

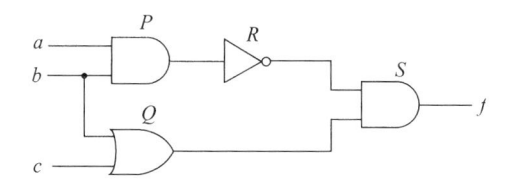

図 6・7　四つの素子による合成論理回路（3 入力 1 出力）

**【解】**　入力 $b$ は二つの論理素子 $P$ および $Q$ で共通である．AND ゲート $P$ の出力は $a \cdot b$ であるから，$R$ の出力は $\overline{a \cdot b}$ である．また，$Q$ の出力は $b+c$ である．よって，出力 $f$ はこれらの論理積で与えられる．

$$f = \overline{(a \cdot b)} \cdot (b + c) \qquad (6 \cdot 21)$$

この真理値表は以下の通りである．

| $a$ | $b$ | $c$ | $\overline{a \cdot b}$ | $b+c$ | $f$ |
|---|---|---|---|---|---|
| 0 | 0 | 0 | 1 | 0 | 0 |
| 0 | 0 | 1 | 1 | 1 | 1 |
| 0 | 1 | 0 | 1 | 1 | 1 |
| 0 | 1 | 1 | 1 | 1 | 1 |
| 1 | 0 | 0 | 1 | 0 | 0 |
| 1 | 0 | 1 | 1 | 1 | 1 |
| 1 | 1 | 0 | 0 | 1 | 0 |
| 1 | 1 | 1 | 0 | 1 | 0 |

(a) OR 論理

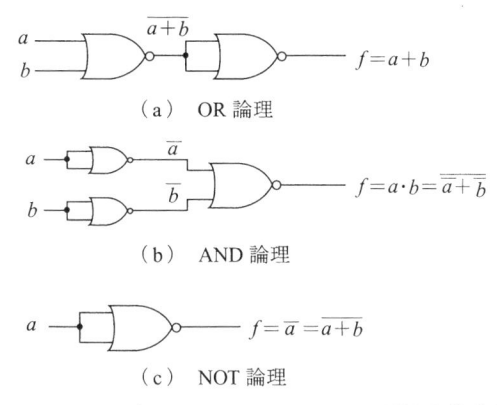

(b) AND 論理

(c) NOT 論理

図 6・8　NOR ゲートのみで OR, AND, NOT を構成する

【例題 6・4】　前節で述べたように，NOR または NAND ゲートのみを用いて，任意の論理を構成することができる．NOR ゲートのみを用いて，ブール代数の論理和，論理積，否定を表す回路を構成せよ．

【解】　まずは数式上で考えることにしよう．入力が $a$ と $b$ であると仮定すると，$a+b$, $a \cdot b$, $\bar{a}$ を NOR 演算のみを用いて構成すればよい．まず，否定論理は同一 2 入力の NOR である．

$$\overline{a+a} = \bar{a} \tag{6・22}$$

否定が実現可能であるなら，OR も実現可能である．

$$\overline{\overline{a+b}+\overline{a+b}} = \overline{\overline{a+b}} = a+b \tag{6・23}$$

AND はド・モルガンの定理を用いれば実現できる．

$$\overline{\bar{a}+\bar{b}} = \overline{\overline{a+a}+\overline{b+b}} = a \cdot b \tag{6・24}$$

以上より，回路の構成を図 6・8 のように示すことができる．

( 2 )　逆真理値表問題（inverse truth-table problem）

ここまでは，ブール表現と論理回路網とを相互に置き換えることを考え，それらの真理値表は結果として求められていた．ここでは逆に，与えられた真理値表から，ブール表現やそれを実現する論理回路網を作ることを考えてみよう．例えば，以下の 2 入力に対する真理値表を考える．これは排他的論理和（exclusive-OR, EX-OR）と呼ばれる論理である．

EX-OR ゲートの真理値表

| $a$ | $b$ | $f=a\oplus b$ |
|---|---|---|
| 0 | 0 | 0 |
| 0 | 1 | 1 |
| 1 | 0 | 1 |
| 1 | 1 | 0 |

　この真理値表を生成するブール表現を一般的に構成することが可能であるか検討する．出力が1となる2行に注目すると，論理積が1となるのは2変数が共に1のときのみであるから，2行目は $f=\bar{a}\cdot b$，3行目は $f=a\cdot \bar{b}$ と表すことができる．これらの論理和をとって，

$$f = \bar{a}\cdot b + a\cdot \bar{b} \tag{6・25}$$

が求めるブール表現である．

　EX-OR は，ブール代数の基本演算には含まれていないが，実用上便利な論理である．そのため，固有の演算記号と，論理図記号が定められている．演算記号は $\oplus$ である．

$$f = a\oplus b = \bar{a}\cdot b + a\cdot \bar{b} \tag{6・26}$$

　また，その論理素子としての記号を図6・9に示す．この論理では入力が共に0，または共に1の時に出力が0となる．言い換えれば，入力が不一致であるときに出力が真となる論理であり，不一致回路 (inequality circuit) とも呼ばれる．

図6・9　排他的論理和 (EX-OR) ゲートの図記号

（3）　**加法標準形 (disjunctive canonical form)**

　排他的論理和を考えるさいに，値が1となる場合を抜き出し，それを各変数またはその否定の論理積で与え，さらに全部の場合についての論理和を取ることによって，ブール表現を求めることができた．このようにして得られるブール表現を加法標準形と呼ぶ．真理値表からブール表現を求める場合，この手法は一般的に用いることができる．

　（ⅰ）　結果が1となるような場合をすべて抽出する．
　（ⅱ）　それぞれの場合での変数の0と1の組み合わせを調べる．

（iii） ある変数が 0 ならばその否定をとり，1 ならばそのままとし，それらの論理積をとる．

（iv） すべての場合についての論理積を，論理和で結合する．

このようにして，任意の真理値表のブール表現が得られる．すなわち，どんな真理値表でも，論理回路素子を使って実現が可能である．なお，加法標準形と双対な形として，乗法標準形（conjunctive canonical form）もある．

## 6・4　スイッチ回路への応用

ここでは，ブール代数の電気回路への応用の一例として，スイッチを組み合わせた回路の動作について考える．電気回路の配線によって論理回路を形成することができる．これはワイアード・ロジック（wired logic）とも呼ばれる．6・2 節で述べた論理素子も，実はこのスイッチを電子的な開閉素子で実現して使いやすくしたものである．

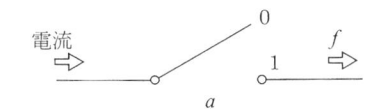

図 6・10　電気回路で用いられるスイッチ

図 6・10 のスイッチを考えてみよう．これは単純な開閉（on-off）動作をするスイッチであり，スイッチが on の時に電流が流れ，off の時には流れない．状態変数 $a$ を，スイッチが on のとき $a=1$，スイッチが off のとき $a=0$ と定義することにより，本章でこれまで述べてきたブール代数の考え方を適用することができる．

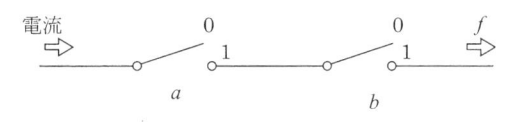

図 6・11　二つのスイッチの直列回路

例えば，図 6・11 に示すように直列のスイッチ回路を作ると，電流は双方のスイッチが on の時のみに流れることになるから，その真理値表は以下の通りである．

直列スイッチ回路の真理値表

| $a$ | $b$ | $f$ |
|---|---|---|
| 0 | 0 | 0 |
| 0 | 1 | 0 |
| 1 | 0 | 0 |
| 1 | 1 | 1 |

これは論理積と同じ結果であり，$f=ab$ であることはすぐに理解できよう．同様に，並列スイッチ回路は論理和で表すことができる．否定論理は単純なスイッチ動作だけでは実現できないが，図6・12に示されるような，連動したスイッチまたは2接点形のスイッチで表すことができる．

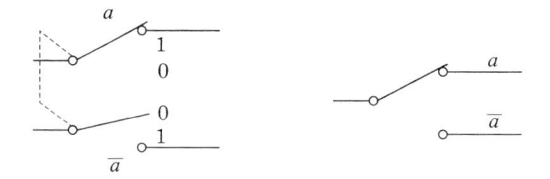

（a）連動したスイッチ　　（b）2接点形スイッチ

図6・12　否定論理を示す複合スイッチ回路

【例題6・5】　図6・13は，四つのスイッチからなる回路網である．この回路のブール表現を求めよ．

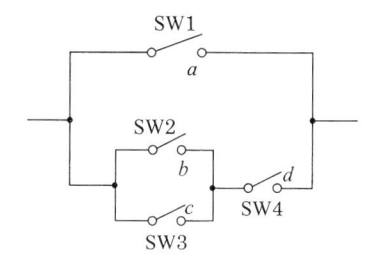

図6・13　四つのスイッチからなる回路網

【解】　SW1からSW4に対応する状態変数をそれぞれ $a$，$b$，$c$，$d$ とおく．SW2とSW3は並列であるから，その出力は $b+c$ である．これとSW4が直列であるからその出力は $(b+c)d$ となり，これとSW1が並列であるので，求める表現は

$$f = (b+c)d + a \tag{6・27}$$

となる．

【例題 6・6】 階段の電灯の点灯は，通常上の階と下の階にある二つのスイッチで制御するようになっている．スイッチは独立に上下に切り替えることができ，どちらかのスイッチが切り替えられると電灯の状態が切り替わることになる．この状態の真理値表を書け．また，これを実現する回路を設計せよ．

【解】 真理値表は，例えば以下のように示すことができる．

| 上階 SW | 下階 SW | 電灯 | $a$ | $b$ | $f$ |
|---|---|---|---|---|---|
| 上 | 上 | off | 0 | 0 | 0 |
| 下 | 上 | on  | 1 | 0 | 1 |
| 下 | 下 | off | 1 | 1 | 0 |
| 上 | 下 | on  | 0 | 1 | 1 |

これは EX-OR ゲートの真理値表と等しいから，式 (6・26) より，
$$f = a \oplus b = \bar{a}b + a\bar{b}$$
実際の回路は，図 6・14 のようになっている．2 接点形のスイッチで否定論理 ($\bar{a}$, $\bar{b}$) が表されており，上下の 2 接点スイッチをたすきがけに接続することにより，$\bar{a}b + a\bar{b}$ が実現されている．

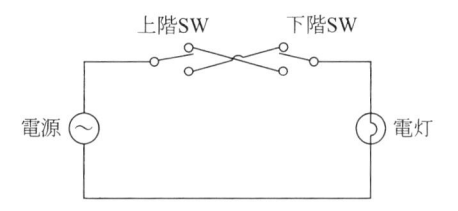

図 6・14 二つのスイッチによる階段の電灯の制御

これに関連する有名な問題としては，議会の多数決回路がある．いつの時代でも，どこの国の議会でも，議決の促進は重要な課題であるらしい．議席に一つずつスイッチを置き，各議員が議案に賛成ならスイッチを on，反対なら off にするとしよう．もちろんこの場合，居眠りする不真面目な議員は想定外である．この時，過半数の議員が賛成したら「可決」ランプが点灯するような配線を考えよ，というのが多数決回路 (vote taker) の問題である．

現代では，クイズ番組などにも見られるように，複数選択肢の回答数集計ができるシステムまで実現されているから，電気電子工学の技術的にはこの多数決回路はもはや時代遅れの問題である．しかしこの問題は，論理回路の基本を考える上で重要であり，ブール代数を用いて鮮やかに解決できる．ここでは，議席が三つしかない，極めて小規模な議会の多数決回路について考える．

3入力の場合，2入力以上が1なら出力 $f=1$ となり，その他は $f=0$ となればよい．よって真理値表は以下の通りである．

| $a$ | $b$ | $c$ | $f$ |
|---|---|---|---|
| 0 | 0 | 0 | 0 |
| 0 | 0 | 1 | 0 |
| 0 | 1 | 0 | 0 |
| 0 | 1 | 1 | 1 |
| 1 | 0 | 0 | 0 |
| 1 | 0 | 1 | 1 |
| 1 | 1 | 0 | 1 |
| 1 | 1 | 1 | 1 |

加法標準形を用いて，この関係は次式で示すことができる．

$$f = \bar{a}bc + a\bar{b}c + ab\bar{c} + abc \qquad (6\cdot28)$$

$abc = abc + abc$ であるから，

$$\begin{aligned}
f &= \bar{a}bc + a\bar{b}c + ab\bar{c} + abc + abc \\
&= ab(c + \bar{c}) + c(\bar{a}b + a\bar{b} + ab) \\
&= ab + c(\bar{a}b + ab + a\bar{b} + ab) \\
&= ab + c(b + a)
\end{aligned} \qquad (6\cdot29)$$

式(6・28)を論理素子で実現するためには3入力AND回路4個，4入力OR回路，NOT回路3個が必要であるが，式(6・29)を実現するためには2入力OR回路と2入力AND回路がそれぞれ2個あれば十分である．図6・15に合成前後の多数決回路を示す．

簡略化の手順をもっと機械的に行う手法として，カルノー・マップ(Karnaugh map)法がある．これはバイチ図を用いる方法であるが，詳細はディジタル工学関連の他の書籍に譲る．

本章ではブール代数の基本について述べた．これらを応用して半加算器(half adder)，全加算器(full adder)，マルチプレクサ(multiplexer)，デコーダ(decoder：復号回路)等が作られ，実用に供される．本章で扱ったブール代数で述べることができるのは，その時点での入力の組み合わせに応じて出力が与えられる場合のみについてである．これを実現する回路は一般に組み合わせ回路(combinatorial circuit)と呼ばれるが，実際に電子計算機のCPU等で用いられているのは，過去の入力(またはそれに伴う回路の状態)と現在の入力に応じて出力を発生する順序回路(sequential circuit)である．これらの取り

(a) 合成前

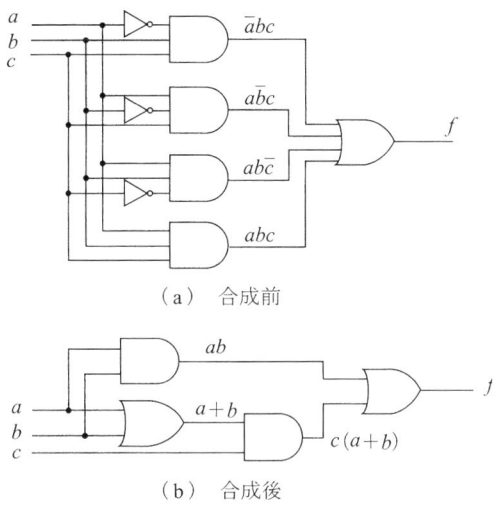

(b) 合成後

図 6・15　合成前後の 3 入力多数決回路

扱いについては，他の書籍等を参考にされたい．

## 演習問題

**1．** 次式を証明せよ．
(1) $a + \bar{a}b = a + b$
(2) $\bar{a}bc + abc = bc$
(3) $a\bar{b} + \bar{a}b = \overline{ab + \bar{a}\bar{b}}$
(4) $ac + \bar{a}\bar{d} + c\bar{d} = (\bar{a} + c)(a + \bar{d})$
(5) $ac + \bar{a}b + bc = ac + \bar{a}b$
(6) $\overline{\bar{a}\bar{c}\bar{d}} + \bar{a}c\bar{d} = \overline{\bar{a}b\bar{d}} + \bar{a}b\bar{d}$
(7) $a\bar{b}\bar{d} + bc + cd + ac = \overline{\bar{a}\bar{b}\bar{d} + b\bar{c} + \bar{c}d}$

**2．** 次式をできるだけ簡単化せよ．
(1) $abc + bc + a\bar{b}c$
(2) $ab + ab\bar{c}d + abcd$
(3) $(a + bc)(a + cd)$
(4) $ab\bar{c} + \bar{a}b\bar{c} + a\bar{b}\bar{c} + \bar{a}\bar{b}\bar{c}$
(5) $ab + c(ab + \bar{c})$
(6) $ab\bar{c}d + abc\bar{d} + b\bar{c}d + \bar{a}bcd$

**3．** ブール表現 $f = a\bar{b} + a$ を論理回路網で表現せよ．

**4．** 図 6・5 の回路のブール表現は式 (6・20) である．この真理値表を書け．

**5．** EX-OR 論理のブール表現である式 (6・25) を，OR・AND・NOT 論理ゲートを組み合わせた回路で実現せよ．

6. 次の真理値表に対応するブール表現を求めよ.

| $a$ | $b$ | $c$ | $f$ |
|---|---|---|---|
| 0 | 0 | 0 | 1 |
| 0 | 0 | 1 | 0 |
| 0 | 1 | 0 | 0 |
| 0 | 1 | 1 | 1 |
| 1 | 0 | 0 | 1 |
| 1 | 0 | 1 | 0 |
| 1 | 1 | 0 | 1 |
| 1 | 1 | 1 | 0 |

7. 図6・15で示される多数決回路を,電源・スイッチ・ランプと配線の組み合わせで実現せよ.

8. ある講義室には入り口が3つある.入り口それぞれにスイッチが取り付けられ,電灯のon/offを切り替えられるようにしたい.電灯の状態 $f$ は{on=1, off=0}とし,スイッチ1〜3の状態 $a$, $b$, $c$ は{上=1, 下=0}であるとするとき,スイッチのすべての状態についての真理値表を作れ.また,対応するブール表現を求めよ.これをスイッチと配線で実現するにはどうしたらよいか.

# 演習問題解答

**第1章**

1. 比例するもの (b), (d)
   おおむね比例するが，例外があるもの (a)
   比例しないもの (c) （電流は電荷量の変化率に比例する）
2. 解図 1・1
3. $x = 2, \quad y = 4, \quad z = 5$
4. $\Delta = r_1 r_2 + r_1 R + r_2 R$ とする
   $$I_1 = \frac{V_1 r_2 + R(V_1 - V_2)}{\Delta}$$
   $$I_2 = \frac{V_2 r_1 + R(V_2 - V_1)}{\Delta}$$
   $$I_3 = \frac{V_1 r_2 + V_2 r_1}{\Delta}$$
5. $P = \dfrac{10000}{10} = 1000$ W
   $\dfrac{98^2}{10} = 960.4$ W
   $(1 - 0.01x)^2 - 1 = -0.02x + 0.0001x$
   $(2x - 0.01x)^2$ ％ 低下する．
   電圧 2 ％ の低下に対して，電力は 3.96 ％ 低下する
6. $x = v_x t, \quad y = v_y t - \dfrac{gt^2}{2}$
   $x = 10, \quad t = 1, \quad y = 30 - \dfrac{9.8}{2} = 25.1$
   $x = 12, \quad t = 1.2, \quad y = 36 - 9.8 * \dfrac{1.2^2}{2} = 28.9$
7. $y = \pm \sqrt{\dfrac{a^2 x^2 - C^2}{b^2}}$ 解図 1・2
8. $\log 100 = 2, \quad \log_e 100 = \dfrac{\log 100}{\log e}$
9. 自然対数で $A$ である数値を $x$ とする
   $\log_e x = A$
   $\dfrac{\log x}{\log e} = A \quad \therefore \quad \log x = A \log e$

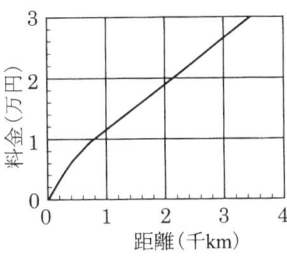

解図 1・1 JR 料金

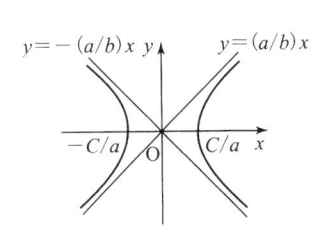

解図 1・2 $a^2 x^2 - b^2 y^2 = C^2$ のグラフ

10. $V_0 = \dfrac{Q}{C}$ [V]

$t = CR$ のとき，$V = V_0 e^{-1} \fallingdotseq 0.37\, V_0$
$t = 2CR$ のとき，$V = V_0 e^{-2} \fallingdotseq 0.14\, V_0$
$t = 3CR$ のとき，$V = V_0 e^{-3} \fallingdotseq 0.051\, V_0$

11. $0.99\, V_0 = V_0(1 - e^{-\frac{t}{CR}})$

$$0.01 = e^{-\frac{t}{CR}}, \quad t = \dfrac{CR}{\ln 0.01}$$

12. 1) $\sin 210° = -0.5$  2) $\tan 210° = \dfrac{1}{\sqrt{3}}$

3) $\cos(-450°) = 0$  4) $\sin \dfrac{4\pi}{3} = -\dfrac{\sqrt{3}}{2}$

5) $\cos \dfrac{11\pi}{6} = \dfrac{\sqrt{3}}{2}$  6) $\tan \dfrac{7\pi}{3} = \sqrt{3}$

13. 1) $\sin 3x = \sin(2x + x)$
　　　　　$= \sin 2x \cos x + \sin x \cos 2x$
　　　　　$= 3 \sin x - 4 \sin^3 x$

2) $\cos 3x = \cos(2x + x)$
　　　　　$= \cos 2x \cos x - \sin 2x \sin x$
　　　　　$= 4 \cos^3 x - 3 \cos x$

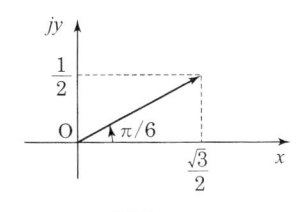

14. 解図 1・3
15. 解図 1・4

解図 1・3

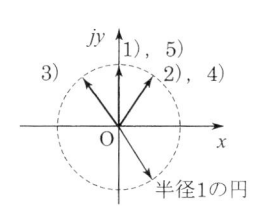

解図 1・4　半径1の円

## 第 2 章

1. $y = 0.5x + 2.0$

2. 図 2・5 の直線の傾き $-\dfrac{1}{10^{-6}}$

式の傾き $-\dfrac{0.4343}{CR}$

よって $CR = 0.4343 \times 10^{-6}$
　　　　$C = 1\,\text{nF} = 10^{-9}\,\text{F}$

これより

$$R = \frac{0.4343 \times 10^{-6}}{10^{-9}} = 0.4343 \times 10^3 \ \Omega$$
$$= 0.4343 \ \text{k}\Omega$$

**3．** 1) $y' = nx^{n-1}$ 　　　　2) $y' = -nx^{-(n+1)}$
　　3) $y' = axe^{ax} + e^{ax}$ 　　4) $y' = a\cos(ax)$
　　5) $y' = -\left(\dfrac{1}{ax^2}\right)\cos\left(\dfrac{1}{ax}\right)$ 　6) $y' = \sec^2 x$
　　7) $y' = \dfrac{1}{|x|}$

**4．** $y' = -\dfrac{1}{x^2} \quad x > 0, \quad y' = \dfrac{1}{x^2} \quad x < 0$

**5．** 1) $z = ax^2 + by^2, \quad z_x = 2ax, \quad z_y = 2by$
　　2) $x^2 = y^2 + z^2, \quad z_x = \dfrac{x}{z}, \quad z_y = \dfrac{y}{z}$
　　3) $z = (ax - by)^3 \quad z_x = 3a(ax - by)^2, \quad z_y = 3b(ax - by)^2$
　　4) $y = e^{-\frac{V-V_0}{kT}}, \quad y_V = -\left(\dfrac{1}{kT}\right)e^{-\frac{V-V_0}{kT}}$
　　　　$y_T = \left\{\dfrac{V - V_0}{kT^2}\right\}e^{-\frac{V-V_0}{kT}}$

**6．** 1) $\dfrac{4}{5}x^5 + 3x^4 + \dfrac{25}{3}x^3 + 12x^2 + 16x$ 　　2) $-\left(\dfrac{1}{2}\right)\cos(2x)$
　　3) $\left(\dfrac{1}{a}\right)\sin(ax)$ 　　　　　　4) $-\ln|\cos x|$
　　5) $-\left(\dfrac{1}{a}\right)e^{-ax}$ 　　　　　　6) $x\log x - x$

**7．** $\dfrac{d^3x}{dt^3} + 4\dfrac{d^2x}{dt^2} + 6\dfrac{dx}{dt} + 4x = 4$

　初期条件 　$x(0) = 0, \quad \dfrac{dx(0)}{dt} = 0, \quad \dfrac{d^2x(0)}{dt^2} = 0$

　1) 特性方程式は 　$s^3 + 4s^2 + 6s + 4 = 0$
　　特性根 　$-2, \quad 1 \pm j$
　　定常解 　$x_s = 1$
　　よって，一般解は
　　　　$x = 1 + Ae^{-2t} + e^{-t}(B\cos t + C\sin t)$
　　初期条件を代入すると，$A = -1, \ B = 0, \ C = -2$
　　解　 $x = 1 - 1e^{-2t} - 2e^{-t}\sin t$

　2) $\dfrac{d^3x}{dt^3} + 4\dfrac{d^2x}{dt^2} + 5\dfrac{dx}{dt} + 2x = 0$

　　初期条件 　$x(0) = 5, \quad \dfrac{dx(0)}{dt} = 2, \quad \dfrac{d^2x(0)}{dt^2} = 1$

　　特性方程式 　$s^3 + 4s^2 + 5s + 2 = 0$
　　特性根 　$-1$ (重根), 　$-2,$

定常解　$x_s = 0$
よって，一般解　$x = Ae^{-2t} + e^{-t}(B + Ct)$
初期条件を代入　$A = 10,\ B = -5,\ C = 17$
解　$x = 10e^{-2t} + e^{-t}(-5 + 17t)$

8．光の強さを $y$，距離を $x$ とする．$x=0$ における光の強さを $y_0$

$$\frac{dy}{dx} = -\left(\frac{0.02}{100}\right)x$$

$y = y_0 e^{-\left(\frac{0.02}{100}\right)x}$

$x = 25\,\mathrm{km}$ のとき

$y = y_0 e^{-\left(\frac{0.02}{100}\right)25000} = y_0 e^{-12.5} = \dfrac{y_0}{e^{12.5}}$

## 第3章

1．$|\boldsymbol{A}| = \sqrt{2},\ |\boldsymbol{B}| = \sqrt{2},\ \theta = 60°$

2．$\boldsymbol{A} \cdot \boldsymbol{B} = 1,\quad \boldsymbol{A} \times \boldsymbol{B} = -\boldsymbol{i} - \boldsymbol{j} + \boldsymbol{k}$

3．$[A] + [B] = \begin{bmatrix} 3 & -5 \\ 2 & 7 \\ -4 & 2 \end{bmatrix}\quad [A] - [B] = \begin{bmatrix} 5 & -5 \\ 2 & -7 \\ -8 & 8 \end{bmatrix}$

4．$[A]^{-1} = \dfrac{1}{11}\begin{bmatrix} -4 & 3 \\ 1 & 2 \end{bmatrix}$

$[B]^{-1} = \dfrac{1}{14}\begin{bmatrix} 5 & 3 & 1 \\ 3 & 6 & -5 \\ 1 & -5 & 3 \end{bmatrix}$

5．$\begin{bmatrix} -\dfrac{1}{2} & \dfrac{1}{2} & -\dfrac{1}{8} \\ -1 & -3 & -\dfrac{5}{4} \\ -\dfrac{1}{2} & \dfrac{1}{2} & -\dfrac{1}{8} \end{bmatrix}$

6．$\begin{bmatrix} x_1 \\ x_2 \\ x_3 \end{bmatrix} = \begin{bmatrix} 1 \\ -2 \\ 5 \end{bmatrix}$

7．$A(\theta)^{-1} = \begin{bmatrix} \cos\theta & -\sin\theta \\ \sin\theta & \cos\theta \end{bmatrix}$

8．$A(\theta_1) \cdot A(\theta_2) = \begin{bmatrix} \cos(\theta_1 + \theta_2) & \sin(\theta_1 + \theta_2) \\ -\sin(\theta_1 + \theta_2) & \cos(\theta_1 + \theta_2) \end{bmatrix}$
$= A(\theta_1 + \theta_2)$

9．$I_1 R_1 - I_2 R_2 = E_1 + E_2$
$I_2 R_2 - I_3 R_3 = -E_2$

$$I_1 + I_2 + I_3 = 0$$

$$\begin{bmatrix} R_1 & -R_2 & 0 \\ 0 & R_2 & -R_3 \\ 1 & 1 & 1 \end{bmatrix} \begin{bmatrix} I_1 \\ I_2 \\ I_3 \end{bmatrix} = \begin{bmatrix} E_1 + E_2 \\ -E_2 \\ 0 \end{bmatrix}$$

$$\begin{bmatrix} I_1 \\ I_2 \\ I_3 \end{bmatrix} = \begin{bmatrix} R_1 & -R_2 & 0 \\ 0 & R_2 & -R_3 \\ 1 & 1 & 1 \end{bmatrix}^{-1} \begin{bmatrix} E_1 + E_2 \\ -E_2 \\ 0 \end{bmatrix}$$

## 第4章

**1.** $y(t) = \dfrac{A}{2} + \dfrac{4A}{\pi^2}\left(\cos\omega t - \dfrac{1}{9}\cos 3\omega t + \dfrac{1}{25}\cos 5\omega t - \dfrac{1}{49}\cos 7\omega t \cdots \right)$

**2.** $y(t) = \dfrac{A}{2} + \dfrac{4A}{\pi^2}\left(\sin\omega t - \dfrac{1}{9}\sin 3\omega t + \dfrac{1}{25}\sin 5\omega t - \dfrac{1}{49}\sin 7\omega t \cdots \right)$

**3.** $y(t) = \dfrac{3A}{\pi}\left(\sin\omega t + \dfrac{1}{5}\sin 5\omega t + \dfrac{1}{7}\sin 7\omega t + \cdots\right)$

**4.** (1) $\dfrac{1}{s(s+a)}$  (2) $\dfrac{1}{s^2(s+a)}$

  (3) $\dfrac{1}{(s+a)(s+b)}$  (4) $\dfrac{s}{(s+a)^2}$

  (5) $\dfrac{s}{s^2+a^2}$  (6) $\dfrac{s^2}{(s^2+a^2)^2}$

  (7) $\dfrac{b-s-2a}{(s+a)^2}$

**5.** (1) $y = \dfrac{5e^{3t} + 44e^{-\frac{t}{2}} + 7e^{3t}}{49}$

  (2) $\theta = \dfrac{2(2+5t)e^{-t} - 3\sin 2t - 4\cos 2t}{25}$

  (3) $u = \dfrac{e^{-t}\sin^2 t}{2}$

**6.** (1) $i = 40\cos t + 10te^{3t}$

  (2) $r = 9e^{-t} - 5e^{3t}$

  (3) $x = \cos 3t + \dfrac{17\sin 3t + 3t}{27}$

  (4) $x = \cos 2t + \dfrac{3\sin 2t}{2} + \dfrac{5t\sin 2t}{4}$

## 第5章

**1.** $\operatorname{grad}\varphi = \left(\dfrac{\partial\varphi}{\partial r}, \dfrac{1}{r}\dfrac{\partial\varphi}{\partial\theta}, \dfrac{\partial\varphi}{\partial z}\right), \quad \operatorname{div}\boldsymbol{A} = \dfrac{1}{r}\dfrac{\partial}{\partial r}(rA_r) + \dfrac{1}{r}\dfrac{\partial A_\theta}{\partial\theta} + \dfrac{\partial A_z}{\partial z},$

  $\operatorname{rot}\boldsymbol{A} = \left(\dfrac{1}{r}\dfrac{\partial A_z}{\partial\theta} - \dfrac{\partial A_\theta}{\partial z}, \dfrac{\partial A_r}{\partial z} - \dfrac{\partial A_z}{\partial r}, \dfrac{1}{r}\dfrac{\partial}{\partial r}(rA_\theta) - \dfrac{1}{r}\dfrac{\partial A_r}{\partial\theta}\right)$

2． $\mathrm{grad}\,\varphi = \left(\dfrac{\partial \varphi}{\partial r},\ \dfrac{1}{r}\dfrac{\partial \varphi}{\partial \theta},\ \dfrac{1}{r\sin\theta}\dfrac{\partial \varphi}{\partial \phi}\right),$

$\mathrm{div}\,\boldsymbol{A} = \dfrac{1}{r^2}\dfrac{\partial}{\partial r}(r^2 A_r) + \dfrac{1}{r\sin\theta}\dfrac{\partial}{\partial \theta}(\sin\theta A_\theta) + \dfrac{1}{r\sin\theta}\dfrac{\partial A_\phi}{\partial \phi},$

$\mathrm{rot}\,\boldsymbol{A} = \left(\dfrac{1}{r\sin\theta}\left\{\dfrac{\partial}{\partial \theta}(\sin\theta A_\phi) - \dfrac{\partial A_\theta}{\partial \phi}\right\},\ \dfrac{1}{r}\left\{\dfrac{1}{\sin\theta}\dfrac{\partial A_r}{\partial \phi} - \dfrac{\partial}{\partial r}(rA_\phi)\right\},$

$\hspace{6cm}\dfrac{1}{r}\left\{\dfrac{\partial}{\partial r}(rA_\theta) - \dfrac{\partial A_r}{\partial \theta}\right\}\right)$

3． 省略

4． $\mathrm{div}\,\boldsymbol{A} = \cos z + \dfrac{x}{y} + 2z,\quad \mathrm{rot}\,\boldsymbol{A} = (0,\ -x\sin z,\ \log y),$

$\mathrm{div}\,\boldsymbol{E} = \mathrm{div}\,\boldsymbol{H} = 0,\ \mathrm{rot}\,\boldsymbol{E} = \mathrm{rot}\,\boldsymbol{H} = \boldsymbol{0}$

5． $\boldsymbol{B} = \dfrac{\mu_0 I}{4\pi}\dfrac{1}{x^2+y^2}(-y,\ x,\ 0),\ \mathrm{rot}\,\boldsymbol{B} = \boldsymbol{0}$

6． 両辺を展開する．例えば $\dfrac{\partial}{\partial x}(A_y B_z) = A_y \dfrac{\partial B_z}{\partial x} + B_z \dfrac{\partial A_y}{\partial x}$ であることに注意せよ．

7． $\boldsymbol{a}\times\boldsymbol{b} = \boldsymbol{a}\times(-\boldsymbol{a}-\boldsymbol{c}) = -\boldsymbol{a}\times\boldsymbol{a} - \boldsymbol{a}\times\boldsymbol{c} = \boldsymbol{0} + \boldsymbol{c}\times\boldsymbol{a} = \boldsymbol{c}\times\boldsymbol{a}$，以下同様．

## 第 6 章

1． (1) （左辺）$= (a+\bar{a})(a+b) = $（右辺） (2) （左辺）$= (\bar{a}+a)bc = $（右辺）

(3) （右辺）$= \overline{(ab)}\overline{(ab)} = (\bar{a}+\bar{b})(a+b) = \bar{a}a + \bar{a}b + \bar{b}a + \bar{b}b = \bar{a}b + a\bar{b}$
$= $（左辺）

(4) （右辺）$= \bar{a}a + \overline{ad} + ca + c\bar{d} = $（左辺）

(5) （左辺）$= a(b+\bar{b})c + \bar{a}b(c+\bar{c}) + (a+\bar{a})bc$
$= abc + a\bar{b}c + \bar{a}bc + \bar{a}b\bar{c} + abc + \bar{a}bc$
$= abc + a\bar{b}c + \bar{a}b\bar{c} + \bar{a}bc = ac(b+\bar{b}) + \bar{a}b(\bar{c}+c) = $（右辺）

(6) （左辺）$= \overline{ad}(\bar{c}+c) = \overline{ad} = \overline{ad}(\bar{b}+b) = $（右辺）

(7) （右辺）$= \overline{\overline{abd} + \bar{c}(b+d)} = \overline{\overline{abd}} \cdot \overline{\bar{c}(b+d)} = (\bar{\bar{a}}+\overline{bd})(\bar{\bar{c}}+\overline{(b+d)})$
$= (a+\bar{\bar{b}}+\bar{\bar{d}})(c+\overline{b+d}) = (a+b+d)(c+\overline{bd})$
$= ac + a\overline{bd} + bc + b\overline{bd} + dc + d\overline{bd} = ac + a\overline{bd} + bc + dc$
$= $（左辺）

2． (1) $c(a+b)$ (2) $ab$ (3) $a+bcd$ (4) $\bar{c}$ (5) $ab$
(6) $bc + abd$

3． 解図 6・1

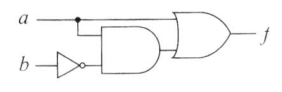

解図 6・1

**4.**

| $a$ | $b$ | $c$ | $d$ | $ab$ | $f$ |
|---|---|---|---|---|---|
| 0 | 0 | 0 | 0 | 0 | 0 |
| 0 | 0 | 0 | 1 | 0 | 1 |
| 0 | 0 | 1 | 0 | 0 | 1 |
| 0 | 0 | 1 | 1 | 0 | 1 |
| 0 | 1 | 0 | 0 | 0 | 0 |
| 0 | 1 | 0 | 1 | 0 | 1 |
| 0 | 1 | 1 | 0 | 0 | 1 |
| 0 | 1 | 1 | 1 | 0 | 1 |
| 1 | 0 | 0 | 0 | 0 | 0 |
| 1 | 0 | 0 | 1 | 0 | 1 |
| 1 | 0 | 1 | 0 | 0 | 1 |
| 1 | 0 | 1 | 1 | 0 | 1 |
| 1 | 1 | 0 | 0 | 1 | 1 |
| 1 | 1 | 0 | 1 | 1 | 1 |
| 1 | 1 | 1 | 0 | 1 | 1 |
| 1 | 1 | 1 | 1 | 1 | 1 |

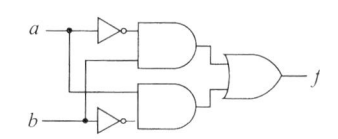

解図 6・2

**5.** 解図 6・2

**6.** 加法標準形を用いて
$$f = \bar{a}\bar{b}c + \bar{a}bc + a\bar{b}c + ab\bar{c} = (\bar{a}+a)\bar{b}c + b(\bar{a}c + a\bar{c})$$
$$= \bar{b}c + b(a \oplus c)$$

**7.** 解図 6・3

**8.**

| $a$ | $b$ | $c$ | $f$ |
|---|---|---|---|
| 0 | 0 | 0 | 0 |
| 0 | 0 | 1 | 1 |
| 0 | 1 | 0 | 1 |
| 0 | 1 | 1 | 0 |
| 1 | 0 | 0 | 1 |
| 1 | 0 | 1 | 0 |
| 1 | 1 | 0 | 0 |
| 1 | 1 | 1 | 1 |

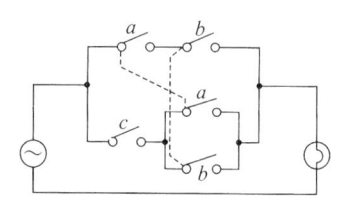

解図 6・3

$$f = \bar{a}\bar{b}c + \bar{a}b\bar{c} + a\bar{b}\bar{c} + abc = \bar{a}(\bar{b}c + b\bar{c}) + a(\overline{\bar{b}c + bc})$$
$$= \bar{a}(b \oplus c) + a(\overline{b \oplus c}) = a \oplus (b \oplus c)$$

配線は実際には以下のようになっている．

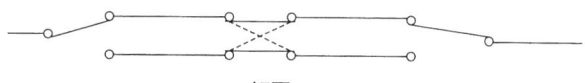

解図 6・4

# 公 式 集

## 1. 記　号
自然対数の底
$$e = 2.71828\cdots$$
円周率
$$\pi = 3.14159265358979\cdots$$
階乗
$$n! = n(n-1)\cdots 3\cdot 2\cdot 1$$
2項係数
$$_nC_r = \frac{n!}{r!(n-r)!}$$
自然対数と常用対数
$$\log_{10} x = (\log_e x) \times 0.43429448\cdots$$
$$\log_e x = \ln x = (\log_{10} x) \times 2.302585\cdots$$

## 2. 基本的な関数と演算
放物線
$$y = ax^2 + bx + c$$
円
$$x^2 + y^2 = R^2$$
楕円
$$\left(\frac{x}{a}\right)^2 + \left(\frac{y}{b}\right)^2 = 1$$
双曲線
$$\left(\frac{x}{a}\right)^2 - \left(\frac{y}{b}\right)^2 = 1$$
指数の演算
$$a^m \cdot a^n = a^{m+n}$$
$$\frac{a^m}{a^n} = a^{m-n}$$
$$a^m \cdot b^m = (a\cdot b)^m$$
$$(a^m)^n = a^{mn}$$
$$a^{-m} = \frac{1}{a^m}$$

$$a^{\frac{m}{n}} = \sqrt[n]{a^m}$$
$$a^0 = 1$$

指数関数
$$y = e^x = \exp(x)$$

対数の演算
$$\log(xy) = \log x + \log y$$
$$\log \frac{x}{y} = \log x - \log y$$
$$\log x^n = n \log x$$
$$\log \sqrt[n]{x} = \frac{1}{n} \log x$$
$$\log_a b = \frac{\log_c b}{\log_c a}$$

$a$ を底とする対数関数
$$y = \log_a x \qquad ただし a > 0,\ x > 0$$

三角関数
$$\sin\theta = \frac{1}{\operatorname{cosec}\theta}$$
$$\cos\theta = \frac{1}{\sec\theta}$$
$$\tan\theta = \frac{1}{\cot\theta}$$

三角関数の基本的性質
$$\sin(-\theta) = -\sin\theta$$
$$\cos(-\theta) = \cos\theta$$
$$\tan(-\theta) = -\tan\theta$$
$$\sin\left(\frac{\pi}{2} - \theta\right) = \cos\theta$$
$$\cos\left(\frac{\pi}{2} - \theta\right) = \sin\theta$$

加法定理
$$\sin(\alpha \pm \beta) = \sin\alpha\cos\beta \pm \cos\alpha\sin\beta$$
$$\cos(\alpha \pm \beta) = \cos\alpha\cos\beta \mp \sin\alpha\sin\beta$$
$$\tan(\alpha \pm \beta) = \frac{\tan\alpha \pm \tan\beta}{1 \mp \tan\alpha\tan\beta}$$

倍角・半角の公式
$$\sin 2\theta = 2\sin\theta\cos\theta$$
$$\cos 2\theta = \cos^2\theta - \sin^2\theta = 2\cos^2\theta - 1 = 1 - 2\sin^2\theta$$
$$\sin^2\frac{\theta}{2} = \frac{1 - \cos\theta}{2}$$

$$\cos^2\frac{\theta}{2} = \frac{1+\cos\theta}{2}$$

和積の公式

$$\sin A + \sin B = 2\sin\frac{A+B}{2}\cos\frac{A-B}{2}$$

$$\sin A - \sin B = 2\cos\frac{A+B}{2}\sin\frac{A-B}{2}$$

$$\cos A + \cos B = 2\cos\frac{A+B}{2}\cos\frac{A-B}{2}$$

$$\cos A - \cos B = -2\sin\frac{A+B}{2}\sin\frac{A-B}{2}$$

積和の公式

$$\sin A \sin B = -\frac{1}{2}\{\cos(A+B) - \cos(A-B)\}$$

$$\sin A \cos B = \frac{1}{2}\{\sin(A+B) + \sin(A-B)\}$$

$$\cos A \sin B = \frac{1}{2}\{\sin(A+B) - \sin(A-B)\}$$

$$\cos A \cos B = \frac{1}{2}\{\cos(A+B) + \cos(A-B)\}$$

双曲線関数

$$\sinh x = \frac{e^x - e^{-x}}{2} = \frac{1}{\operatorname{cosech} x}$$

$$\cosh x = \frac{e^x + e^{-x}}{2} = \frac{1}{\operatorname{sech} x}$$

$$\tanh x = \frac{\sinh x}{\cosh x} = \frac{e^x - e^{-x}}{e^x + e^{-x}} = \frac{1}{\coth x}$$

双曲線関数の基本的性質と加法定理

$$\sinh x \pm \cosh x = e^{\pm x}$$

$$\sinh(x \pm y) = \sinh x \cosh y \pm \cosh x \sinh y$$

$$\cosh(x \pm y) = \cosh x \cosh y \pm \sinh x \sinh y$$

$$\tanh(x \pm y) = \frac{\tanh x \pm \tanh y}{1 \pm \tanh x \tanh y}$$

$$\sinh 2x = 2\sinh x \cosh x$$

$$\cosh 2x = \cosh^2 x + \sinh^2 x = 2\cosh^2 x - 1 = 1 + 2\sinh^2 x$$

## 3．級数展開

マクローリン展開

$$\begin{aligned} y &= f(x) \\ &= f(0) + xf'(0) + \frac{x^2}{2!}f''(0) + \cdots + \frac{x^n}{n!}f^{(n)}(0) + \cdots \end{aligned}$$

$$= f(0) + \sum_{n=1}^{\infty} \frac{x^n}{n!} f^{(n)}(0)$$

テイラー展開

$$y = f(x)$$
$$= f(a) + (x-a)f'(a) + \frac{(x-a)^2}{2!}f''(a) + \cdots + \frac{(x-a)^n}{n!}f^{(n)}(a) + \cdots$$
$$= f(a) + \sum_{n=1}^{\infty} \frac{(x-a)^n}{n!} f^{(n)}(a)$$

指数関数・三角関数の展開

$$e^x = 1 + x + \frac{1}{2!}x^2 + \frac{1}{3!}x^3 + \frac{1}{4!}x^4 + \cdots + \frac{1}{n!}x^n \cdots$$
$$\sin x = x - \frac{x^3}{3!} + \frac{x^5}{5!} - \frac{x^7}{7!} + \cdots + (-1)^m \frac{x^{2m+1}}{(2m+1)!} \cdots$$
$$\cos x = 1 - \frac{x^2}{2!} + \frac{x^4}{4!} - \frac{x^6}{6!} + \cdots + (-1)^m \frac{x^{2m}}{2m!} \cdots$$

## 4. 微　　分

微分の定義

$$\lim_{\Delta x \to 0} \frac{\Delta y}{\Delta x} = \lim_{\Delta x \to 0} \frac{f(x + \Delta x) - f(x)}{\Delta x} x$$

初等関数の微分

$$(x^n)' = nx^{n-1}$$
$$(e^x)' = e^x$$
$$(\ln x)' = \frac{1}{x}$$
$$(\sin x)' = \cos x$$
$$(\cos x)' = -\sin x$$

定数倍・和差積商の微分

$$\{c \cdot f(x)\}' = c \cdot f'(x)$$
$$\{f(x) \pm g(x)\}' = f'(x) \pm g'(x)$$
$$\{f(x) \cdot g(x)\}' = f'(x)g(x) + f(x)g'(x)$$
$$\left\{\frac{f(x)}{g(x)}\right\}' = \frac{f'(x)g(x) - f(x)g'(x)}{\{g(x)\}^2}$$

合成関数の微分

$y = g(f(x))$ について $t = f(x)$ とすると

$$\frac{dy}{dx} = \left(\frac{dy}{dt}\right)\left(\frac{dt}{dx}\right) = g'(t) \cdot f'(x)$$

助変数による微分

$x = f(t)$, $y = g(t)$ とするとき，

$$\frac{dy}{dx} = \frac{\left(\dfrac{dy}{dt}\right)}{\left(\dfrac{dx}{dt}\right)} = \frac{g'(t)}{f'(t)}$$

$x$ の関数 $y=f(x)$ が極値をとる条件

$$\frac{dy}{dx} = 0$$

またこのとき，

$$\frac{d^2y}{dx^2} > 0 \text{ のとき } y \text{ は極小値}$$

$$\frac{d^2y}{dx^2} < 0 \text{ のとき } y \text{ は極大値}$$

$$\frac{d^2y}{dx^2} = 0 \text{ のとき変曲点}$$

偏　微　分

$y=f(x_1, x_2, \cdots, x_n)$ について

$$\lim_{\Delta x_1 \to 0} \frac{\Delta y}{\Delta x_1} = \frac{\partial y}{\partial x_1}$$

## 5．積　　分

定積分の定義

$$S = \lim_{n \to \infty} \sum_{i=1}^{n} f(x_i)(x_i - x_{i-1}) = \int_a^b f(x)dx$$

不定積分の定義

$$\int f(x)dx = G(x) + C$$

初等関数の不定積分

$$\int x^n dx = \frac{1}{n+1} x^{n+1}$$

$$\int e^x dx = e^x$$

$$\int \frac{1}{x} dx = \ln|x|$$

$$\int \sin x dx = -\cos x$$

$$\int \cos x dx = \sin x$$

和・差・定数倍の積分

$$\int \{f(x) \pm g(x)\}dx = \int f(x)dx \pm \int g(x)dx$$

$$\int af(x)dx = a\int f(x)dx$$

部分積分
$$\int f'(x)g(x)dx = f(x)g(x) - \int f(x)g'(x)dx$$
$$\int f(x)g'(x)dx = f(x)g(x) - \int f'(x)g(x)dx$$

置換積分

$x=g(t)$ のとき
$$\int f(x)dx = \int f(g(t))g'(t)dt$$
$t=g(x)$ のとき
$$\int f(g(x))g'(x)dx = \int f(t)dt$$

積分公式
$$\int x^a dx = \frac{1}{a+1}x^{a+1} \qquad \text{ただし } a \neq -1,\ x>0$$
$$\int \frac{1}{x-a}dx = \ln|x-a| \qquad \text{ただし } x-a \neq 0$$
$$\int \frac{1}{\sqrt{a^2-x^2}}dx = \sin^{-1}\frac{x}{a} \qquad \text{ただし } a>0$$
$$\int \frac{1}{a^2+x^2}dx = \frac{1}{a}\tan^{-1}\frac{x}{a} \qquad \text{ただし } a>0$$
$$\int \sqrt{a^2-x^2}\,dx = \frac{1}{2}\left\{x\sqrt{a^2-x^2} + a^2\sin^{-1}\frac{x}{a}\right\} \qquad \text{ただし } a>0$$
$$\int \frac{f'(x)}{f(x)}dx = \ln|f(x)|$$

二重積分
$$V = \iint_D z(x,\ y)\,dxdy$$

## 6. 微分方程式

$n$ 階線形定係数常微分方程式
$$\frac{d^n x}{dt^n} + a_{n-1}\frac{d^{n-1}x}{dt^{n-1}} + \cdots + a_1\frac{dx}{dt} + a_0 x = f$$

特性方程式

$s = \dfrac{d}{dt},\ s^2 = \dfrac{d^2}{dt^2},\ \cdots$ とすると

$$s^n + a_{n-1}s^{n-1} + \cdots + a_1 s + a_0 = 0$$

2 階常微分方程式
$$a_2 \frac{d^2 x}{dt^2} + a_1 \frac{dx}{dt} + a_0 x = f$$

| 特性根 | 過渡解の項 |
|---|---|
| 実根（単根） | $Ke^{\lambda t}$ |

実根（多重度 $m$）　　$(C_0 + \cdots + C_{m-1}t^{m-1})e^{\lambda t}$
共役複素根（単根）　$e^{\sigma t}(A\cos\omega t + B\sin\omega t)$

波動方程式
$$c^2\frac{\partial^2 h}{\partial x^2} = -\frac{\partial^2 h}{\partial t^2}$$

## 7. 複 素 数

$$z = x + jy = r(\cos\theta + j\sin\theta) = r \cdot e^{j\theta}$$
ただし $j^2 = -1$

$$|z| = \sqrt{x^2 + y^2} = r, \quad \theta = \tan^{-1}\frac{y}{x}$$

共役複素数
$$\dot{z} = z^* = x - jy = r(\cos\theta - j\sin\theta) = r \cdot e^{-j\theta}$$
$$z \cdot z^* = (x + jy)(x - jy) = x^2 + y^2$$
$$\frac{1}{z} = \frac{1}{re^{j\theta}} = \frac{1}{r}e^{-j\theta} = \frac{x}{x^2+y^2} - j\frac{y}{x^2+y^2}$$
$$z_1 + z_2 = (x_1 + jy_1) + (x_2 + jy_2) = (x_1 + x_2) + j(y_1 + y_2)$$
$$z_1 \cdot z_2 = r_1 e^{j\theta_1} \cdot r_2 e^{j\theta_2} = r_1 r_2 e^{j(\theta_1 + \theta_2)}$$
$$\frac{z_1}{z_2} = \frac{r_1}{r_2} e^{j(\theta_1 - \theta_2)}$$

ド・モアブルの定理
$$(\cos\theta + j\sin\theta)^n = (e^{j\theta})^n = e^{jn\theta} = \cos n\theta + j\sin n\theta$$

## 8. 空間・行列・ベクトル解析

2次元極座標 ⟷ 直交座標変換
極座標 $(r, \theta)$ → 直交座標 $(x, y)$
$$x = r\cos\theta, \quad y = r\sin\theta$$
直交座標 $(x, y)$ → 極座標 $(r, \theta)$
$$r^2 = x^2 + y^2, \quad \tan\theta = \frac{y}{x}$$

3次元極座標 ⟷ 直交座標変換
極座標 $(r, \theta, \phi)$ → 直交座標 $(x, y, z)$
$$x = r\sin\theta\cos\phi, \quad y = r\sin\theta\sin\phi, \quad z = r\cos\theta$$
直交座標 $(x, y, z)$ → 極座標 $(r, \theta, \phi)$
$$r^2 = x^2 + y^2 + z^2, \quad \tan\theta = \frac{\sqrt{x^2+y^2}}{z}, \quad \tan\phi = \frac{y}{x}$$

ベクトルの基本演算
$$\boldsymbol{A} + \boldsymbol{B} = \boldsymbol{B} + \boldsymbol{A}$$
$$\boldsymbol{A} = \boldsymbol{i}A_x + \boldsymbol{j}A_y + \boldsymbol{k}A_z$$

$$|A| = \sqrt{A_x{}^2 + A_y{}^2 + A_z{}^2}$$
$$A \cdot B = B \cdot A = |A||B|\cos\theta_{AB} = A_x B_x + A_y B_y + A_z B_z$$
$$A \times B = -B \times A$$
$$= (A_y B_z - A_z B_y,\ A_z B_x - A_x B_z,\ A_x B_y - A_y B_x)$$
$$= (A_y B_z - A_z B_y)\boldsymbol{i} + (A_z B_x - A_x B_z)\boldsymbol{j} + (A_x B_y - A_y B_x)\boldsymbol{k}$$
$$= \begin{vmatrix} \boldsymbol{i} & \boldsymbol{j} & \boldsymbol{k} \\ A_x & A_y & A_z \\ B_x & B_y & B_z \end{vmatrix}$$
$$|A \times B| = |A||B|\sin\theta_{AB}$$

行 列 式
$$\begin{vmatrix} a_{11} & a_{12} \\ a_{21} & a_{22} \end{vmatrix} = a_{11}a_{22} - a_{12}a_{21}$$
$$\begin{vmatrix} a_{11} & a_{12} & a_{13} \\ a_{21} & a_{22} & a_{23} \\ a_{31} & a_{32} & a_{33} \end{vmatrix} = a_{11}a_{22}a_{33} + a_{12}a_{23}a_{31} + a_{13}a_{21}a_{32}$$
$$- a_{13}a_{22}a_{31} - a_{12}a_{21}a_{33} - a_{11}a_{23}a_{32}$$

3次元微分演算子 $\nabla$
$$\nabla = \left( \frac{\partial}{\partial x},\ \frac{\partial}{\partial y},\ \frac{\partial}{\partial z} \right)$$

ラプラス演算子 (Laplacian)
$$\Delta = \nabla^2 = \left( \frac{\partial}{\partial x},\ \frac{\partial}{\partial y},\ \frac{\partial}{\partial z} \right) \cdot \left( \frac{\partial}{\partial x},\ \frac{\partial}{\partial y},\ \frac{\partial}{\partial z} \right) = \left( \frac{\partial^2}{\partial x^2} + \frac{\partial^2}{\partial y^2} + \frac{\partial^2}{\partial z^2} \right)$$

スカラ場 $\phi = f(x,\ y,\ z)$ の勾配 $\boldsymbol{E}$
$$\boldsymbol{E} = (E_x,\ E_y,\ E_z) = \left( \frac{\partial \phi}{\partial x},\ \frac{\partial \phi}{\partial y},\ \frac{\partial \phi}{\partial z} \right) = \left( \frac{\partial}{\partial x},\ \frac{\partial}{\partial y},\ \frac{\partial}{\partial z} \right)\phi$$
$$= \mathrm{grad}\,\phi = \nabla\phi$$

ベクトル場の発散
$$\mathrm{div}\,\boldsymbol{A} = \lim_{\Delta v \to 0} \frac{\int_s \boldsymbol{A} \cdot d\boldsymbol{s}}{v} = \lim_{\Delta v \to 0} \left( \frac{\partial A_x}{\partial x} + \frac{\partial A_y}{\partial y} + \frac{\partial A_z}{\partial z} \right)$$
$$= \frac{\partial A_x}{\partial x} + \frac{\partial A_y}{\partial y} + \frac{\partial A_z}{\partial z} = \left( \frac{\partial}{\partial x},\ \frac{\partial}{\partial y},\ \frac{\partial}{\partial z} \right) \cdot (A_x,\ A_y,\ A_z) = \nabla \cdot \boldsymbol{A}$$

ベクトル場の回転
$$\mathrm{rot}\,\boldsymbol{A} = \left( \frac{\partial A_z}{\partial y} - \frac{\partial A_y}{\partial z},\ \frac{\partial A_x}{\partial z} - \frac{\partial A_z}{\partial x},\ \frac{\partial A_y}{\partial x} - \frac{\partial A_x}{\partial y} \right) = \nabla \times \boldsymbol{A}$$
$$\mathrm{rot}\,\boldsymbol{A} = \left( \frac{\partial}{\partial x},\ \frac{\partial}{\partial y},\ \frac{\partial}{\partial z} \right) \times (A_x,\ A_y,\ A_z)$$
$$= \left( \frac{\partial A_z}{\partial y} - \frac{\partial A_y}{\partial z} \right)\boldsymbol{i} + \left( \frac{\partial A_x}{\partial z} - \frac{\partial A_z}{\partial x} \right)\boldsymbol{j} + \left( \frac{\partial A_y}{\partial x} - \frac{\partial A_x}{\partial y} \right)\boldsymbol{k}$$

$$= \begin{vmatrix} i & j & k \\ \dfrac{\partial}{\partial x} & \dfrac{\partial}{\partial y} & \dfrac{\partial}{\partial z} \\ A_x & A_y & A_z \end{vmatrix}$$

## 9. ラプラス変換一覧表

| $f(t)$ | $F(s) = \int_0^\infty f(t)e^{-st}dt$ |
|---|---|
| $a_1 f_1(t) + a_2 f_2(t)$ | $a_1 F_1(s) + a_2 F_2(s)$ |
| $\dfrac{df(t)}{dt}$ | $sF(s) - f(0)$ |
| $\int f(t)dt$ | $\dfrac{F(s)}{s}$ |
| $f(t-a)$ | $e^{-as}F(s)$ |
| $e^{at}f(t)$ | $F(s-a)$ |
| $u(t)$ | $\dfrac{1}{s}$ |
| $t$ | $\dfrac{1}{s^2}$ |
| $e^{-at}$ | $\dfrac{1}{s+a}$ |
| $1 - e^{-at}$ | $\dfrac{1}{s(s+a)}$ |
| $t \cdot e^{-at}$ | $\dfrac{1}{(s+a)^2}$ |
| $\dfrac{1}{a-b}(e^{-at} - e^{-bt})$ | $\dfrac{1}{(s+a)(s+b)}$ |
| $\sin at$ | $\dfrac{a}{s^2 + a^2}$ |
| $\cos at$ | $\dfrac{s}{s^2 + a^2}$ |
| $e^{-at}\sin bt$ | $\dfrac{b}{(s+a)^2 + b^2}$ |
| $e^{-at}\cos bt$ | $\dfrac{s+a}{(s+a)^2 + b^2}$ |
| $\sin(at + \alpha)$ | $\dfrac{a\cos\alpha + s\sin\alpha}{s^2 + a^2}$ |
| $\cos(at + \alpha)$ | $\dfrac{s\cos\alpha - a\sin\alpha}{s^2 + a^2}$ |
| $\sinh at$ | $\dfrac{a}{s^2 - a^2}$ |

| | |
|---|---|
| $\cosh at$ | $\dfrac{s}{s^2 - a^2}$ |
| $e^{-at}\sinh bt$ | $\dfrac{b}{(s+a)^2 - b^2}$ |
| $e^{-at}\cos bt$ | $\dfrac{s+a}{(s+a)^2 - b^2}$ |
| $t\sin at$ | $\dfrac{2as}{(s^2 + a^2)^2}$ |
| $t\cos at$ | $\dfrac{s^2 - a^2}{(s^2 + a^2)^2}$ |
| $t\sinh at$ | $\dfrac{2as}{(s^2 - a^2)^2}$ |
| $t\cosh at$ | $\dfrac{s^2 + a^2}{(s^2 - a^2)^2}$ |

## 10. ブール代数

交換則 (commutative laws)
$$a + b = b + a$$
$$a \cdot b = b \cdot a$$

結合則 (associative laws)
$$a + (b + c) = (a + b) + c$$
$$a \cdot (b \cdot c) = (a \cdot b) \cdot c$$

分配則 (distributive laws)
$$a \cdot (b + c) = (a \cdot b) + (a \cdot c)$$
$$a + (b \cdot c) = (a + b) \cdot (a + c)$$

恒等則 (identity laws)
$$1 + a = a + 1 = 1$$
$$0 \cdot a = a \cdot 0 = 0$$

恒等則に類似
$$0 + a = a + 0 = a$$
$$1 \cdot a = a \cdot 1 = a$$

相補則 (complementary laws)
$$a + \bar{a} = 1$$
$$a \cdot \bar{a} = 0$$

再帰則 (reflexive law)
$$\bar{\bar{a}} = a$$

吸収則 (absorption laws)
$$a + a \cdot b = a$$
$$a \cdot (a + b) = a$$

ド・モルガンの定理 (de Morgan's law)
$$\overline{a+b} = \bar{a} \cdot \bar{b}$$
$$\overline{a \cdot b} = \bar{a} + \bar{b}$$

## 11. その他

平均偏差と標準偏差
$$d = \frac{\sum_{i=1}^{N} |x_i - x_0|}{N}$$

$$s = \frac{\sqrt{\sum_{i=1}^{N}(x_i - x_0)^2}}{N}$$

フックの法則
$$F = k \cdot \Delta x$$

仮想変位法
$$F = \frac{\Delta W}{\Delta x} = \frac{dW}{dx}$$

# 索　引

## 英　文

AND　142
det $A$　76
EX-OR　145
grad　121
NAND　142
NOR　142
NOT　142
OR　142

## 和　文

### あ　行

位相　25
位相速度　59
1次関数　1
一般解　53
移動性とスケール　110
移動速度　58
インダクタンス　134
裏関数　104
運動方程式　51
$s$ 関数　103, 104
n型半導体　51
$n$ 次導関数　36
円　10
演算子　124
円筒座標系　117
オイラーの公式　24, 104
オームの法則　1

### か　行

回転　134
回転フェーザ　26
ガウス平面　23
角周波数　25
仮想変位法　40
加速力　53

片対数グラフ　4
傾き　2
下端　44
過渡解　53
加法定理　19
加法標準形　146
カルノー・マップ　150
奇関数　94, 95
起電力　135
基本周期　89
基本波　89
基本波項　90
基本ベクトル　68
逆行列　73, 78
逆真理値表　145
逆正弦関数　20
逆正接関数　21
逆ベクトル　66
逆余弦関数　21
逆ラプラス演算子　110
逆ラプラス変換　103, 109
吸収則　140
行　72
共役複素数　23
行列　72
行列式　76
極座標系　24, 117
極値　39
虚数部　23
偶関数　94
矩形波　97
組み合わせ回路　150
クラメールの公式　81
クーロン力　128
結合則　139
結合の法則　67
原関数　104
原始関数　44
減少関数　39
減速力　53

172　索　引

交換則　　70, 139
交換法則　　67
高次（$n$次）偏導関数　　41
合成関数　　38
恒等則　　139
勾配　　121, 123
弧度法　　17

　　　　さ　行

再帰則　　140
斉次方程式　　53
最小周期　　89
最小2乗法　　3
最大値　　25
三角関数　　17, 19
三角波　　89, 100
3次元円筒座標系　　117
3次元極座標系　　118
3次元直角座標系　　67
指数　　13
次数　　72
指数関数　　15
自然対数　　16
磁束　　134
磁束密度　　135
実数部　　23
自由応答系　　54
周期　　59, 89
重根　　57
周波数　　22
瞬時値　　25
順序回路　　150
周期関数　　88
小行列式　　77
上端　　44
焦点　　10
乗法標準形　　147
常用対数　　16
初期条件　　54
助変数　　38
指力線　　130
真空の透磁率　　117
真空の誘電率　　119
進行波　　58
振動数　　22
真理値表　　142
スカラ　　64

スカラ積　　69
スカラ積（内積）　　69
スカラ場　　119, 127
正弦　　19
正弦関数　　20
正接　　19
正接関数　　20
正方行列　　72
正論理　　141
積分定数　　44
接線　　36
摂動　　12
切片　　2
線形性　　110
線形の素子　　86
増加関数　　39
像関数　　104
双曲線　　11
双対原理　　141
相補則　　140

　　　　た　行

第$n$次高調波項　　90
対角要素　　72
台形波　　89
対称関数　　96
対称波　　94, 96
対数　　15
対数関数　　17
第2次高調波項　　90
楕円　　11
多数決回路　　149
多変数関数　　41, 115
単位行列　　72
単位ベクトル　　68
単振動　　21
置換積分法　　47
中和　　51
直交座標系　　115
直線回帰式　　4
直線近似　　12
直流成分　　90
$t$関数　　103, 104
定常解　　53
定数項　　90
定積分　　44
テーラー展開式　　13

電気磁気学　134
電磁誘導　134
転置行列　73
導関数　35
同次方程式　53
特性方程式　54
特別解　53
独立変数　41
ド・モアブルの定理　24
ド・モルガンの定理　141

## な 行

ナブラ　124
2次関数　9
2次元極座標系　115
2次偏導関数　41
2重積分　49
2進数　138

## は 行

排他的論理和　145
バイチ図　141, 150
発散　128, 130, 131
波動方程式　59
ハミルトン演算子　124
パルス波　89
パルス波形　87
反時計方向　18
半波整流波　101
反応速度定数　40
p型半導体　51
微係数　35
非斉次方程式　53
ひずみ波　88
非線形の素子　87
否定　139
非同次方程式　53
微分演算子　124
微分係数　35
表関数　104
標準偏差　31
比例係数　1
ファラデーの法則　134
不一致回路　146
復元力　53
複素インピーダンス　27
複素数　22

複素数表示　25
複素平面　23
負性抵抗　3
不定積分　44
部分積分　46
フーリエ級数　88
フーリエ係数　90
ブール代数　138
ブール表現　141
フレミングの右手の法則　67
負論理　141
分配則　70, 139
分配の法則　67
閉曲面　130
平均偏差　31
ベクトル　64
ベクトル積　70, 82
ベクトル場　121, 127, 128
ベッセル関数　136
ヘルツ［Hz］　22
ベン図　140
変数分離　54
偏導関数　41
偏微分　41, 115
偏微分方程式　59
方向余弦　123
方向余弦ベクトル　123
放物線　9
補数　139
ポテンシャル　120

## ま 行

摩擦力　51, 53
万有引力　128
右手系　67
面積ベクトル　130

## や 行

有効線分　64
余因子　77
余因数　77
要素　72
余弦　19
余弦関数　20

## ら 行

ラジアン　17

ラプラス演算子　125
ラプラス変換　103
ラプラス変換演算子　103
両対数グラフ　32
ルジャンドルの方程式　136
零行列　72
列　72
連立1次方程式　6
連立方程式　74

論理回路　138
論理ゲート　141
論理積　139
論理素子　141
論理和　138

**わ　行**

ワイアード・ロジック　147

## 著者略歴

**鳥居　粛**（とりい・すすむ）
　1965年　愛知県に生まれる
　1988年　東京大学工学部電気工学科卒業
　1993年　東京大学大学院工学系研究科博士課程修了
　現　在　東京都市大学工学部電気電子工学科准教授
　　　　　博士（工学）

**藤川　英司**（ふじかわ・ひでじ）
　1938年　東京に生まれる
　1965年　武蔵工業大学工学部電気工学科卒業
　1968年　武蔵工業大学大学院工学研究科修士課程修了
　現　在　東京都市大学名誉教授
　　　　　工学博士

**伊藤　泰郎**（いとう・たいろう）
　1935年　長野県に生まれる
　1960年　武蔵工業大学工学部電気工学科卒業
　1980年　米国クラークソン大学客員研究員
　現　在　東京都市大学名誉教授
　　　　　工学博士

印刷・製本　大日本印刷株式会社

電　気　数　学　　　　　　　　　　©鳥居　粛・藤川英司・伊藤泰郎 2003
2003年11月20日　第1版第1刷発行　　【本書の無断転載を禁ず】
2025年 3月10日　第1版第6刷発行

著　者　鳥居　粛・藤川英司・伊藤泰郎
発行者　森北博巳
発行所　森北出版株式会社
　　　　東京都千代田区富士見1-4-11（〒102-0071）
　　　　電話 03-3265-8341／FAX 03-3264-8709
　　　　https://www.morikita.co.jp/
　　　　日本書籍出版協会・自然科学書協会　会員
　　　　JCOPY <（一社）出版者著作権管理機構　委託出版物>

落丁・乱丁本はお取替えいたします
Printed in Japan／ISBN978-4-627-73391-6